天作之贺 和而不同

贺兰山东麓葡萄酒

银川葡萄酒指南

苏 龙 帅泽堃 郭明浩 张 旋 / 主 编

黄河出版传媒集团
阳 光 出 版 社

图书在版编目（CIP）数据

天作之贺 · 和而不同：贺兰山东麓葡萄酒. 银川葡萄酒指南 / 苏龙等主编. -- 银川：阳光出版社，2023.11

ISBN 978-7-5525-7130-1

Ⅰ. ①天… Ⅱ. ①苏… Ⅲ. ①葡萄酒 - 介绍 - 银川 Ⅳ. ①TS262.6

中国国家版本馆CIP数据核字(2023)第243453号

天作之贺 · 和而不同
贺兰山东麓葡萄酒　银川葡萄酒指南　苏龙　帅泽堃　郭明浩　张旋　主编
TIANZUOZHIHE · HEERBUTONG
HELANSHAN DONGLU PUTAOJIU　YINCHUAN PUTAOJIU ZHINAN

责任编辑　薛　雪
书籍设计　邢　龙　李浩然　杨逸凡
责任印制　岳建宁

黄河出版传媒集团
阳光出版社　出版发行

出 版 人　薛文斌
地　　址　宁夏银川市北京东路 139 号出版大厦(750001)
网　　址　http://www.ygchbs.com
网上书店　http://shop129132959.taobao.com
电子信箱　yangguangchubanshe@163.com
邮购电话　0951-5047283
经　　销　全国新华书店
印刷装订　银川银选印刷有限公司
印刷委托书号　（宁）0027841

开　　本　787mm × 1092mm 1/24
印　　张　8
字　　数　128千字
版　　次　2023年11月第1版
印　　次　2023年11月第1次印刷
书　　号　ISBN 978-7-5525-7130-1
定　　价　99.00元

序 言

贺兰山东麓葡萄酒产区经过近10年的快速发展，产品质量有了飞速提高，其产品也得到了葡萄酒爱好者和业内人士的一致好评。但有很多消费者不知道如何挑选贺兰山东麓的葡萄酒。

本书内容由专业酒评机构、当地葡萄酒协会及葡萄酒专业院校教授共同编写，在以客观公正的角度品鉴了贺兰山东麓银川产区的56家酒庄的227款葡萄酒的基础上，挑选出最具性价比的187款，所有的品鉴都是在2023年5月完成的，具有很强的时效性。其中，品酒词及评分都是由国际酒评机构JamesSuckling.com团队（简称JS团队）主导完成的。消费者可以根据书中的介绍去选购自己喜欢的产品。

本书详细介绍了贺兰山东麓葡萄酒银川产区的酒庄及产品。读者可以对照专业人士的品鉴词提升自己的品鉴知识，是一本非常实用的葡萄酒指南，对于读者了解产区和产区葡萄酒具有重要意义。

（一）本书的作者们如何品酒？

本书由银川市贺兰山东麓葡萄酒产业联盟与国际酒评机构JS团队合作编写，品鉴部分由JS团队负责中国产区的高级编辑帅泽堃主持，品鉴者还包括银川市贺兰山东麓葡萄酒产业联盟理事长、夏桐酒庄总经理苏龙，银川市贺兰山东麓葡萄酒产业联盟秘书长兼独立酿酒人张旋，西北农林科技大学葡萄酒学院教授、博士生导师、国家葡萄酒、果酒评酒委员刘延琳老师及上海市酒类流通行业协会副会长兼葡萄酒分会会长知名葡萄酒作家郭明浩。

品鉴采取盲品（盲品袋，由服务人员倒酒）的形式，采用满分100分制对葡萄酒的品质和风格进行评价。打分的首要的工作是对葡萄酒的质量进行评价，其次是参考每位品鉴者对葡萄酒风格的理解。在品鉴过程中每位品鉴者在不受干扰的情况下独立品尝和评判，然后在组长统计后进行讨论，汇总最后分数。品鉴者在品鉴过程中所知信息包括葡萄酒类型、年份和葡萄品种。

（二）《银川葡萄酒指南》评分规则

纳入本书的考评区间：

★★★★★ 顶级（96～100分）
Top-notch

★★★★☆ 出类拔萃（94～95分）
Stellar

★★★★ 卓越（92～93分）
Outstanding

★★★☆ 优秀（90～91分）
Excellent

★★★ 良好/值得推荐（88～89分）
Good / Commendable

★★☆ 略高于平均水平（86～87分）
Above Average

不纳入本书的考评区间：

★★ 平庸/低于平均水平（83～85分）
Mediocre / Below Average

★ 低质/缺陷（82分及以下）
Poor / Faulty

（三）关于质量、风格的一些认识

葡萄酒是一种具有强烈审美性质的饮品，当人们评判其感官上的“好坏”时常常是很主观的。

其实并不尽然。如同欣赏艺术品、音乐，衡量葡萄酒的质量有很大一部分是相对客观、可以更好地被品鉴者所分析和衡量的。在这种情况下，不少人（尤其是有经验的品鉴者）会形成一定共识，这些共识体现在衡量平衡性、葡萄酒及留香的长度回味、复杂性（层次感）、深度和风味集中度（不是酒体）、持久性、口中质感、红酒单宁的质量、果味的纯净感、活力、矿物感、典型性、预判陈年潜力等方面，这些方面都是品鉴者品鉴葡萄酒时所参考的指标，而对“质量”的评判是我们打分的首要目的。一款评级达到“出类拔萃”（四星半，94~95分）或“顶级”（五星，96~100分）的葡萄酒在质量上应该是没有明显缺陷的。

相比于“质量”，葡萄酒的“风格”则更取决于品鉴者个人的主观喜好和接纳程度，也更偏向于审美的层面。最简单的例子便是葡萄酒的类型，比如“干白葡萄酒”和“甜白葡萄酒”显然不是一种风格，这种风格或类型的差异是不能用质量的高低来衡量的；再比如，加强型葡萄酒“雪莉”的“Oloroso”所呈现的氧化风格显然不是氧化缺陷。

对于大多数葡萄酒而言，对葡萄酒风格的把控首先衡量的是“成熟度”，并与葡萄酒的质量上的“平衡性”相联系。一方面是糖分（酒精）与酸度的平衡，另一方面则是酚类物质的成熟度，比如风味（果味）和单宁是否过于生青（比如青叶的味道）或者过熟（比如果酱感），这时也要参考葡萄品种、产地和年份来进行具体的评判。“平衡性”概念本身就比较模糊，也是品尝者品尝时产生分歧较多的一个方面。毕竟一款酒的“平衡”关乎质量和风格，涉及风土、品种、年份、酿酒理念和方法，更关乎品尝者自身的喜好和品味。比如，品鉴者可能更欣赏高成熟度带来的浓郁、甜美和华丽（比如一款Napa）的“享乐”主义，也可能更喜爱酸度、新鲜的单宁所带来的细致、内敛、优雅，甚至是艰涩（比如一款Barolo）的“苦行”主义。虽然这是两种迥异的风格取向，但欣赏两者的美并不构成矛盾与冲突，这仿佛是软熟的红苹果和脆爽的青苹果之间的选择。

对橡木桶的理解也可以从相同的角度切入。有些人喜欢橡木桶的甜美和熟化特征、对其接受度很高，但有些人则更欣赏那些几乎完全不使用橡木桶的葡萄酒。当然，这也需要考虑具体葡萄品种、产地和年份的葡萄酒。不过，纵观饮者对橡木桶的喜恶，我们可以简单地将其理解为拿铁咖啡或摩卡咖啡和无糖、无奶的黑咖啡之间的取舍。如同牛奶之于咖啡，橡木桶并不是葡萄酒所必需的，但却是一种很常见的伴侣和补充，常常为其带来更多熟化、复杂和讨喜的特点。不过，橡木桶使用不当则会掩盖葡萄酒本身的味道，增加葡萄酒不必要的“妆容”，导致葡萄酒更同质化和工业化，从而淡化了葡萄酒独特的风土、地域和年份的表达，弱化了其多变的农产品属性。对于橡木桶的观点常常也反映了品鉴者当下感官和品味的追求。这种“木桶”与“去木桶”的对立其实也是“享乐”和“苦行”之间的对立，而这种看似二元对立的风格取向需要我们探索、思考与解构，我们也常常需要在二者之间寻找“平衡”及折中方案。从这点来看，“平衡”二字蕴藏着葡萄酒品质及更深层次的哲学内涵。

（四）关于风格的一些二元描述

偏向享乐主义风格（Hedonism）：成熟、讨喜、华丽、甜美、浓郁、浓缩、饱满、圆润、橡木、奶油、香草、丝滑、巧克力、高酒精度、芳香/挥发、氧化……

偏向苦行主义风格（Austerity）：酸度、活泼、明亮、新鲜、清淡、流动、爽脆、朴素、优雅、纯粹、艰涩、线性、矿物、紧致、低酒精度、闭塞、还原……

（五）评分和写作道德以及潜在利益冲突声明

涉及葡萄酒品鉴的部分是在采取盲品形式，秉持公平、公正、严谨的态度，并在积极讨论的氛围下进行的。酒庄部分的介绍以酒庄提供资料为基础和参考，在此之上做出有意义的评价。以下为参与写作和品鉴人员可能存在的利益冲突，在此声明。

苏龙，参与本次品鉴工作，同时为夏桐酒庄总经理。由于起泡酒数量较少，苏龙未参与起泡酒的品鉴工作。

张旋，参与本次品鉴工作，同时为未迟酒庄酿酒师。由于盲品参照样品数量众多，故不涉及利益冲突。

鉴于送样延误，以下酒庄样品不以盲品形式参加评选：蒲尚酒庄、银色高地酒庄。

帅泽堃，参与本次品鉴工作，为JamesSuckling.com 高级编辑。

目 录 Directory

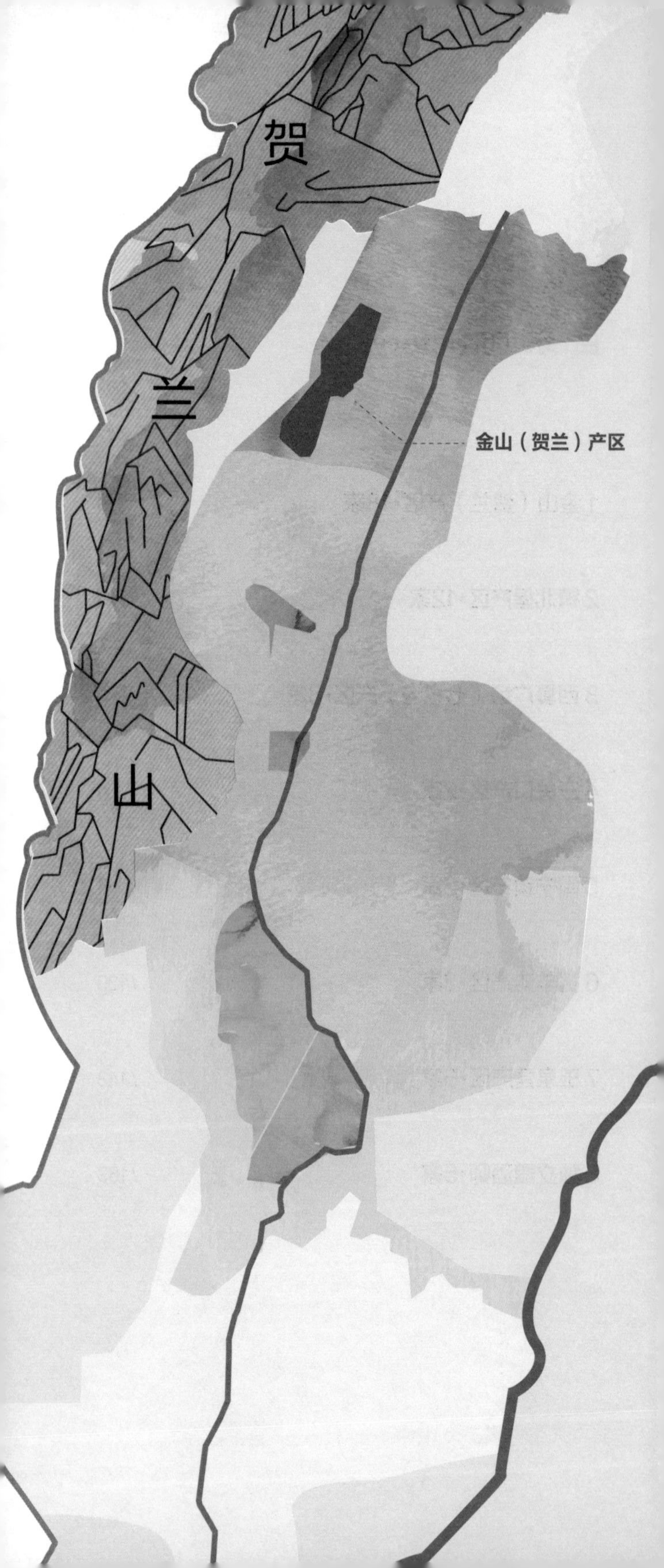
贺
兰
山
金山（贺兰）产区

1

金山
（贺兰）产区

18家

1.1 鸣则酒庄

NINGXIA MINGZE ESTATE

鸣 则

鸣则酒庄成立于2013年，坐落于金山产区，这里海拔1200米，全年日照充足，土壤为淡灰钙土，含有大量砂砾石，富含矿物质。它拥有独特的风土条件且酒庄坚持采用有机种植的方法，使得出产的葡萄酒香气浓郁，口感圆润。其产品表现出了金山产区应有的浓郁风格和特点。

庄主：周楠

销售负责人：周楠

E-mail：Z15595099777@qq.com

酒庄地址：宁夏银川市贺兰县金山国际葡萄酒试验区9号地

联系电话：15595099777

酿酒师：邓钟翔

邓钟翔毕业于法国勃艮第大学葡萄酒学院，获得法国国家酿酒师文凭，对于不同产区、酒庄的葡萄酒有自己的理解。作为宁夏新生代酿酒师和酿酒顾问的代表，邓钟翔也是宁夏7家酒庄的酿酒顾问。他担纲的酒庄葡萄酒风格各异，品类丰富，具有出色的表现力。除此之外，他还有自己和夫人孙洁的酿酒项目——“时光机”。邓钟翔是贵州人，但他扎根宁夏，并致力于宁夏风土和葡萄酒的表达。在他看来，一个人的精力是有限的，宁夏是培育他的地方，这里的风土的差异也足以让他将所有的精力投入其中。

葡萄园介绍

鸣则酒庄葡萄园耕种于2013年，总计150亩（1亩约为666.6平方米），葡萄品种有赤霞珠、美乐、霞多丽，年产葡萄50吨。葡萄园位于金山产区，土壤中富含砾石，土质疏松透气，为葡萄生长提供了良好条件。

推荐酒款

①鸣则珍藏赤霞珠 2019　　评分：★★★☆

酒评：香料、樱桃、黑加仑、巧克力和黑橄榄的味道。单宁强劲、有嚼劲，酒体饱满，中段具有不错的集中度。回味紧致且悠长。适合在2024年饮用。

②鸣则自然酒 2020　　评分：★★★

酒评：一丝蚝油、绿橄榄、黑莓、蓝莓和些许紫色花

香。口中多汁，酒体中等偏薄。单宁新鲜，带有一些绿色植被和白胡椒风味。尽管有些许青感，我们仍然欣赏这款酒在口中的活力和多汁感。适合即饮，最好在2025年前饮用。

③鸣则霞多丽 2019　　　　评分：★★☆

酒评：香气充满坚果风味，腰果和夏威夷果的香气浓郁，也带有些许的酒泥和干柠檬片的气息。口中酒体中等，口中风味略显轻薄，酸度活泼而尖锐，余味较短。适合现在饮用。

1.2 利思酒庄 LISI ESTATE

宁夏利思葡萄酒庄有限公司，成立于2013年，由本地的天骏集团投资建设，酒庄占地面积2644.4平方米，坐落于银川市金凤区，也是产区为数不多坐落于城区的酒庄。葡萄园面积近1000亩，主要位于金山产区，主要葡萄品种有马瑟兰、霞多丽、西拉、赤霞珠、品丽珠、美乐等。其中，酒庄核心葡萄园位于金山产区，西拉是酒庄的主打品种之一。蛇龙珠也曾是酒庄引以为傲的品种。酒庄设备先进，葡萄园管理规范，因为其地处市区，葡萄酒旅游也是其酒庄职能的一部分。

庄主：李学仁
销售负责人：张裕
E-mail：hr_work2023@126.com
酒庄地址：宁夏银川市金凤区通达北街1099号利思酒庄
联系电话：4008791089

酿酒师：陈建琴

陈建琴于1995年7月毕业于宁夏农学院。从事葡萄种植、葡萄酒酿造工作28年来，她坚持创新理念和市场引导的思维模式，酿造有特色的葡萄酒。在她和前首席酿酒顾问郭万柏的帮助下，利思葡萄酒先后在国际、国内葡萄酒赛事中斩获大奖130余项，取得了辉煌的成绩，在行业内外颇受好评。

葡萄园介绍

利思酒庄拥有森林海、金利思与贺利三块有机葡萄基地，面积近千亩，主要种植西拉、赤霞珠、美乐、马瑟兰、霞多丽等葡萄品种。森林海基地位于银川市金凤区阅海湾畔，金利思基地位于贺兰金山脚下，贺利基地位于贺兰山东麓金山试验园区。自然风土的凝萃不仅赋予葡萄纯正的风味，还为酿出优质的利思葡萄酒创造了得天独厚的条件。贺利基地被评为2022年宁夏国家葡萄及葡萄酒产业开放发展综合试验区高标准葡萄园。

推荐酒款

① 利思智霞多丽干白 2022　　评分：

酒评：些许杏仁、白梨和青苹果的香气，以及淡淡的酒泥气息。成熟而较为纯净，只是略为内敛。口感爽脆，新鲜的中等酸度和中等的集中度能够较好地搭配，突出其“弱”平衡。回味干净，余味中等。适合即饮，最好在2025年前饮用。

② 利思家族典藏西拉干红 2021　评分：★★★

酒评：烤樱桃的香气，伴随淡淡的碎石、紫罗兰、烤香料和一丝木质气息。入口多汁，酸度适宜，风味朴素。黑樱桃风味在唇齿间跳跃。余味中等。适合即饮，最好在2027年前饮用。

③ 利思家族荣耀马瑟兰 2020　　评分：★★★

酒评：木板、红色和黑色果味及少许香料气息。口中酒体饱满而略显干涩，但具有较好的爽脆感。较为简单，回味中等。适合即饮，在2026年前开瓶为佳。

④ 利思家族珍藏赤霞珠 2019　　评分：★★★

酒评：黑橄榄、丁香、香料和非常成熟的黑加仑的香气中略带一丝肉干风味。口感紧涩，单宁强劲而带有颗粒感。酒体饱满，中等偏长的余味中带有一些橡木桶单宁的苦味。建议在2024年饮用。

⑤ 利思家族典藏赤霞珠 2019　　评分：★★★

酒评：香料感明显，带有熟化的鲜咸感。黑樱桃和一些烤红椒的味道。口感紧实、饱满，单宁萃取较重，余味紧凑而有颗粒感。适合现在至2025年饮用。

⑥ 利思家族荣耀梅洛 2019　　评分：★★☆

酒评：煮树叶和草本、樱桃和甜香料的香气。入口顺滑，具有不错的流动感且易饮。余味较淡，回味带有明显的甜感。目前宜饮，最好在2025年前开瓶。

1.3 宁爵葡萄酒庄

NINGJUE JIUZHUANG

宁夏宁爵葡萄酒庄有限公司始创于2009年6月，由当地海辰公司投建，酒庄建设规模宏大、酿酒设备先进，但后期由于老板资金链断裂，酒庄资金压力较大，葡萄园及酒庄管理上没有太多投入，后期管理一般，酒庄主体建设虽然完工，但是部分建筑内部装修依然未完成。很多独立酿酒人会租赁其设备酿酒。酒庄葡萄园位于贺兰县南梁，严格意义上不属于金山产区。

庄主：温建国

销售负责人：贺佩佩

E-mail：18695151324@163.com

酒庄地址：宁夏银川市贺兰县南梁台子铁东艾伊河畔

联系电话：18695151324

酿酒师：贺佩佩

贺佩佩担任酿酒师多年，本身非葡萄酒专业的他在宁爵酒庄工作超过10年，积累了一定经验，擅长设备操作。在实践中学会了葡萄酒的酿造技能，工作认真细致，踏实肯干。

葡萄园介绍

宁爵酒庄葡萄园建于2008年，总计350亩，其中酿酒葡萄300亩，鲜食葡萄50亩，酿酒葡萄有赤霞珠、美乐、蛇龙珠3个品种。葡萄园地势平坦、土壤肥沃、土质疏松透气，为葡萄生长提供良好条件。

推荐酒款

宁爵玫瑰花语 · 爵代赤霞珠干红 2017

评分：★★☆

酒评：泥土、树皮、麝香、玫瑰干花、湿树叶和牛肝菌的演化香气掩盖着话梅般的果味和淡淡的肉桂粉的味道。入口尚有不错的酸度，单宁具有结构，但回味显得紧涩且有些发干。有一定长度。已经完全演化，需要尽快饮用。

1.4 沃尔丰酒庄 WOERFENG ESTATE

宁夏沃尔丰酒庄由宁夏正丰集团投资建设，酒庄位于金山产区，目前属于家族式企业。酒庄属于中式建筑风格，其设备先进，也拥有很好的葡萄酒文旅资源。沃尔丰的产品荣获多项国际大奖，产品品质不俗，也能表现金山产区的特征。

庄主：郑国福
销售负责人：李女士
E-mail：2206616832@qq.com
酒庄地址：宁夏银川市贺兰县洪广镇
联系电话：0951-7621919

酿酒师：谢亚玲

谢亚玲，四川人，国家级葡萄酒、果酒评委，酿酒师，毕业于西北农林科技大学葡萄与葡萄酒专业，曾就职于四川攀枝花市葡萄酒厂、西夏王葡萄酒厂、宁夏红枸杞产业集团。2007年开始担任山东烟台凯斯特酒庄总工程师；2011年开始担任宁夏原歌酒庄酿酒师；2015年担任宁夏新慧彬葡萄酒庄副总经理；2017年开始作为独立酿酒师在沃尔丰酒庄担任顾问。她擅长多种葡萄酒的酿造，热爱葡萄酒事业，对葡萄酒充满热情，工作认真细致，她酿的酒多年来品质稳定、风格突出。

葡萄园介绍

宁夏沃尔丰酒庄葡萄园建立于2013年，总计835亩，栽培有赤霞珠、美乐、品丽珠等品种，年产葡萄270吨，葡萄园海拔1150米，土壤中富含砾石，土质疏松透气，为葡萄生长提供了良好条件。

推荐酒款

① 沃尔丰兰山图美乐干红 2020　评分：★★★

酒评：初闻有甜香料、淡淡的咖啡和罗望子气味，随后发展为梅子干、豆豉和黑樱桃的香气。砂质颗粒的单宁在唇齿间铺开，并展现出红醋栗叶的风味。酒体中等偏饱满。风味偏清淡，不复杂，但风格明快、富有一定活力。目前宜饮，最好在2026年前开瓶。

② 沃尔丰家族传奇赤霞珠2019

评分：★★★

酒评：丰富而深沉的香气，有丁香般的甜香料、罗望子、巧克力、烤红辣椒和成熟黑加仑的味道。宽广而饱满的酒体，带有砂质颗粒单宁。余味紧凑而富有风味。宜饮、宜藏。最好在2027年前开瓶。

③ 沃尔丰家族传奇橡木桶美乐干红2017

评分：★★★

酒评：偏暗的砖红色。明显的三类（陈酿）香气，带有皮革、焦油、沥青的气息，随后是话梅、薄荷醇和动物皮毛的香气。酒体饱满，紧致、细腻的单宁在唇齿之间铺开，但在收尾时略显干涩。该酒目前处于适饮期，2025年前开瓶为宜。

1.5 仁益源酒庄

仁益源(宁夏)酒庄有限公司
REN YI YUAN VINEYARD NINGXIA

宁夏贺兰山仁益源葡萄酒庄有限公司建于2018年，由王志东投资建设。酒庄规模较大，建设面积5000平方米，设备齐全，采用传统手工酿造工艺，是金山产区为数不多的大型酒庄之一。作为一家年轻的酒庄，它已然拥有了不俗的产品，随着邵青松加入团队，酒庄管理及营销水平大为提高。

庄主：王志东
销售负责人：邵青松
E-mail：1422966589@qq.com
酒庄地址：宁夏银川市贺兰县贺兰山东麓葡萄产业
试验区7号地
联系电话：15686283888

酿酒师：康凯

康凯担任酿酒师，擅长多种葡萄酒的酿造，热爱葡萄酒事业，对葡萄酒充满热情，工作认真细致，他酿的酒多年来品质稳定、风格突出，善于表达风土，追求人与自然和谐共存。

葡萄园介绍

仁益源酒庄葡萄园建于2012年，总计1800亩，栽培有赤霞珠、马瑟兰、美乐、品丽珠、西拉、小维尔多、霞多丽、雷司令8个品种，年产葡萄800吨，葡萄园海拔1300米，土壤中富含砾石，土质疏松透气，为葡萄生长提供良好条件。

推荐酒款

① 仁益源画峰3556

赤霞珠干红葡萄酒2020

评分：★★★☆

酒评：黑莓、浆果和巧克力的香气中带有一些焦油、奶油、豆豉和黑橄榄的气息。口感饱满丰富，单宁丝滑细密，余味悠长而清鲜。现在就可以饮用，最好在2026—2027年开瓶。

② 仁益源利口酒2019　　评分：★★★

酒评：糖浆、干枣、西梅干、无花果干和葡萄干的香气。单宁紧实，甜度和酸度做到了平衡。一款较优质的加强葡萄酒。现在到2025年适饮。

③ 仁益源兰玺赤霞珠2016

评分：★★☆

酒评：煮水果、梅子、甜菜和果酱味。深沉的黑紫色水果，如同果渣般浓郁。酒体饱满，中段味道浓郁，果味过熟，单宁强劲，有过度萃取的痕迹，口味较重。适合现在饮用。

1.6 图兰朵酒庄 DULAAN CHATEAU

图兰朵酒庄建于2021年，由宁夏图兰朵旅游发展有限公司投资建设，酒庄位于贺兰山东麓葡萄产区金山产区、银川市贺兰县洪广镇，总占地面积约为1415亩。酒庄位于图兰朵小镇内，是产区内葡萄酒文旅地产项目。酒庄主体车间还未正式投产，现在所产葡萄酒均为其酿酒师在沃尔丰酒庄酿造的。

庄主：郑子丰
销售负责人：孙燕
E-mail：tulanduoxiaozhen@tldxz.com
酒庄地址：宁夏银川市贺兰县陈华路图兰朵葡萄酒小镇
联系电话：18295211612

酿酒师：Yann Ollivier、江涛

Yann Ollivier 是来自法国的独立酿酒师，毕业于法国波尔多葡萄酒学院，拥有30多年成熟的酿酒经验，多年来一直追求葡萄酒品质的稳定性、工艺及工作细节的极致，追求人与自然和谐共存。

江涛毕业于西北农林科技大葡萄酒学院，是宁夏地区资深酿酒顾问，曾担任长城葡萄酒宁夏项目（云漠酒庄、天赋酒庄）的总工程师和副总经理。2015年，追求自由的他突破舒适圈，决定成立自己的酿酒顾问公司并逐渐组建了酿酒团队，开办了塞外七星葡萄酒技术咨询（宁夏）有限公司。目前为图兰朵、华昊酒庄、虎薇酒庄、罗兰马歌酒庄、红寺堡酒庄等诸多酒庄提供酿酒顾问服务。

葡萄园介绍

图兰朵酒庄葡萄园建于2021年，总计900亩，栽培有赤霞珠、马瑟兰、品丽珠、桑娇维塞、马尔贝克、霞多丽等多个品种。酒庄年产葡萄300吨，葡萄园海拔1155米，光热条件良好，土壤中富含砾石，土质疏松透气，为葡萄生长提供良好条件。

推荐酒款

① 图兰朵清平乐2019　　评分：★★★☆

酒评：初闻有强烈的胡椒和孜然香料气味，伴有淡淡的甜香，随后是馥郁的黑莓、石墨和黑樱桃的香气。口感圆润，成熟度高。饱满的酒体蕴含着充足、紧致的单宁。这款酒既可现在享用也可继续瓶储，宜在2026年前饮用。

② 图兰朵兰狼珍藏马瑟兰2019　评分：★★☆

酒评：浓郁深沉的香气中含有大量的黑色水果、石墨、荔枝干、荆芥和薰衣草的气息。刚入口有些微起泡、浓郁的果味很快就被丰富、颗粒状的单宁所主导。结构宏大、非常浓缩集中，果味较甜。这是一款饱满、重口味的马瑟兰，可见其萃取的力度，但缺乏细腻的层次。目前仍处于年轻的状态，可从2024年开始饮用。

1.7 旭域金山酒庄

SUNSHINE WINERY

宁夏旭域金山酒庄总占地面积500亩。酒庄始建于2014年，这里没有奢华的城堡建筑，但可以看出酒庄将更多精力投入到了葡萄种植和葡萄酒酿造上，产品给人留下深刻印象，仿佛是宁夏近几年的“车库酒酒庄”一般。其葡萄酒风味浓郁厚重、颜色深邃，具有比较典型的金山产区高成熟度、浓郁饱满但不失新鲜的特色。

庄主：杨宝华

销售负责人：杨宝华

E-mail：20010283@qq.com

酒庄地址：宁夏银川市贺兰县金山国际葡萄试验区38号地

联系电话：15109676789

酿酒师：龚万林

龚万林毕业于中国农业大学，担任旭域金山酒庄专职酿酒师，擅长多种葡萄酒的酿造，热爱葡萄酒事业，对葡萄酒充满热情，工作认真细致。酿酒多年来，由其主导生产的葡萄酒品质稳定、风格突出，善于表达风土，追求人与自然和谐共存。

葡萄园介绍

旭域金山酒庄葡萄园建于2014年，已种植马瑟兰100亩、赤霞珠100亩、美乐100亩，全部为法国进口脱毒苗。酒庄制定优质栽培技术标准，采用可持续发展的有机种植，减少人为干预，使其自然生长，保持生物多样性，少除草并施用农家肥，使酿酒葡萄达到绿色有机标准的稳产与优质，让葡萄回归其本身的味道。

推荐酒款

① 黄河红马瑟兰庄主珍藏 2021

评分：★★★★

酒评：一款非常出色的马瑟兰，在成熟的黑莓和紫罗兰中显示出一丝黑巧克力和甜香料的味道。口感厚重、丰满，酒体饱满，中段释放出丰富的甜美果味。大量的天鹅绒般的单宁勾勒出宏大的结构。回味略有灼热感，重口味，但酿造精良，值得称赞。可在现在到2028年内饮用。

② 黄河红美乐庄主珍藏 2021

评分：★★★☆

酒评：这是一款香气浓郁，并带有香料风味的红葡萄

酒。香气呈现出馥郁的黑樱桃、甜香料、罗望子和黑橄榄气味。单宁非常紧致、顺滑，良好的酸度很好地支撑起葡萄酒厚重的酒体。回味多汁。适合现在饮用，　最好在2027年前开瓶。

③黄河红马瑟兰庄主特选 2021　评分：★★★

酒评：香气上呈现出具有表现力的红色水果，略带咸鲜感和一些甜香料、烟草和植物气息。口感上酒体中等，多汁的果味被颗粒状单宁紧紧包裹。不复杂，但酿造精良。最好在2023—2026年饮用。

④拾陆赤霞珠 2020　评分：★★★

酒评：甜美的香料和带有胡椒香料的红色和黑色果味。口感坚实，单宁带有明显的颗粒感，余味收敛，略显紧涩。回味长度中等，但相当多汁。适合现在到2026年内饮用。

⑤风土马瑟兰自然酒 2020　评分：★★★

酒评：香气略带有金属感。蚝油、天竺葵和石楠花的香气及蓝色水果和紫罗兰的风味。中等至饱满的酒体带有清新的酸度和新鲜且较为细致的单宁。果味充足而朴素，回味略带有甜感。适合现在饮用。

⑥桃醉·桃红葡萄酒 2022　评分：★★☆

酒评：石榴或樱桃红色，闻起来有一些甜樱桃和李子的香气。入口微苦，甜度和酸度中等。回味清淡。适合现在饮用。

1.8 银色高地酒庄

SILVER HEIGHTS

银色高地酒庄是一家驰名中外的精品酒庄，于2007年由高林、高源父女俩正式创立，酒庄致力于打造世界级优质葡萄酒，最早几乎是以“车库酒”的生产模式酿酒，以其出色的质量成为宁夏乃至中国最早一批得到国际媒体关注和认可的葡萄酒酒庄。创始人高林是宁夏首批接触并种植葡萄的前辈。庄主兼酿酒师高源，毕业于波尔多葡萄酒学院，是业内少数能取得法国国家级酿酒师证书的女性酿酒师之一。银色高地酒庄是宁夏为数不多采用生物动力法种植葡萄的酒庄。酒庄产品线丰富，产品主要由桃乐丝集团代理销售。

庄主：高林

销售负责人：王自超，高燕

E-mail：info@silverheights.cn

酒庄地址：宁夏银川市贺兰县洪广镇金山村枣园西

联系电话：18695126226

酿酒师：高源

银色高地酒庄的庄主兼酿酒师高源一直是中国现代葡萄酒界的先驱人物。她在宁夏长大，父亲教她要学会欣赏这个地区独特的土地并挖掘其农业潜力。她在波尔多学习，并获得了法国国家级酿酒师证书，并继续访问了世界上许多顶级葡萄酒产区。2007年回到银川后，她与家人成立了银色高地酒庄，酿造出工艺精湛、风格朴实、富于创造力的手工葡萄酒。与此同时，高氏父女还与其他葡萄种植者合作，分享栽培、酿酒知识。最终，他们对品质和真实性的注重也为宁夏产区带来了中国最佳葡萄酒产区的好评。

高源的葡萄酒很早便在多个国际著名媒体上获得很高赞誉，这显示出中国可以生产出平衡、精致的手工葡萄酒。最初，银色高地就在农业上遵循自然有机的方法，同时也遵循中国古代的节气原则。2015年以后，银色高地酒庄开始用100%自己种植的葡萄酿造葡萄酒，最终获得了中国的有机认证。此外，自2017年以来，银色高地酒庄的重心开始转变为生物动力法的葡萄栽培，加强葡萄园的生态系统和土壤的培育。这种整体的方法和具有温度的酿造哲学使高源对酿酒的理解得以进步，并以她最精致的葡萄酒作为风土的表达。

葡萄园介绍

银色高地酒庄葡萄园建于2012年，总计1000亩，栽培有赤霞珠、美乐、黑比诺、霞多丽、小维尔多等20多个品种，葡萄园海拔1200米，土壤中富含砾石，土质疏松透气，为葡萄生长提供良好条件。酒庄秉承可持续发展的理念：为酒庄周边村民提供良好的工作条件、在积极保护环境的前提下发展经济。自2017年起，银色高地开始向生物动力法转型。其使命是培育与季节和谐的葡萄，感谢大自然带来的转变。为了建立一个健康的生态系统，酒庄将不同的动物融入日常工作（山羊、马、驴和鸡），所有这些都有助于保持堆肥的肥沃，保持土壤健康，让葡萄园充满活力。

推荐酒款

① 银色高地酒庄爱玛2019　　评分：★★★★

酒评：成熟的黑加仑、雪松、巧克力和黑樱桃的香气，略带一丝巴萨米克陈醋的挥发性。口感丝滑、饱满，单宁细致而丰富，回味悠长。

② 银色高地酒庄阙歌2019　　评分：★★★☆

酒评：有甜樱桃、黑加仑、甜香料、木炭、甜烟丝和一丝绿橄榄的味道。单宁丝滑，酒体偏饱满，口感华丽，回味悠长，结尾略干，略有一丝青叶的气息，但不显生青。适合即饮，最好在2027年前饮用。

1.9 原歌酒庄

YUANGE WINERY

原歌酒庄成立于2010年，占地1100亩，位于金山产区，酒庄采用青砖建造，富有中式韵味。酒庄致力于酿造中国风味的精品葡萄酒，着力将原歌打造为一个精品酒庄酒典范。其产品获得多项国内外大奖，产品线通过不断摸索，经升级后以山、川、河、谷、田等命名。

庄主：田生良

销售负责人：党军

E-mail：nxyuange@163.com

酒庄地址：宁夏银川市贺兰县金山生态葡萄产业园

（镇北堡西部影视城向北7公里）

联系电话：15809528235

酿酒师：赵凯

赵凯毕业于宁夏大学葡萄酒专业，2015年进入原歌酒庄工作，长期担任原歌酒庄酿酒顾问周淑珍女士的助理酿酒师，2020年起担任酒庄酿酒师。

葡萄园介绍

原歌酒庄葡萄园建于2009年，总计200亩，栽培有赤霞珠、美乐、马瑟兰3个品种，年产葡萄100吨，葡萄园海拔1100米，土壤中富含砾石，土质疏松透气，为葡萄生长提供良好条件。

推荐酒款

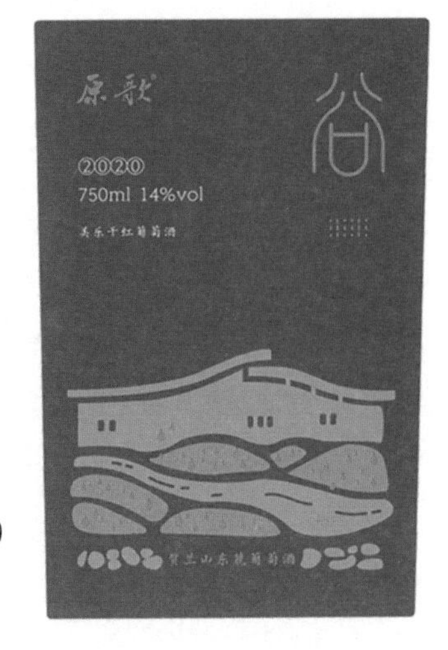

①谷 · 美乐干红2020

评分：★★★

酒评：香气馥郁而有一定熟化特征，初闻有浓郁的肉桂、大料、五香和甜胡椒气味，随后梅干的香气弥漫开来。单宁呈现砂质感，只是在风味的深度上略有不足，否则我们会给出更高的分数。目前宜饮，应在2024—2025年开瓶。

②岩 · 马瑟兰干红2020　　评分：★★★

酒评：芬芳的紫罗兰、较为清新的红色莓果和一缕香辛料气息。口感饱满，单宁坚实而较为细腻，酸度适宜，一直延伸至宽广的回味，仅仅在最后略有抓口的生涩感。一年后应该会有所改观。可在2024年尝试饮用。

③河 · 赤霞珠干红2019　　评分：★★☆

酒评：樱桃酒和黑醋栗的香气，非常甜美的樱桃和咖啡气息。风味浓郁，带有酸樱桃的收尾。单宁紧致。我们欣赏这款酒的活力，但如果口中有更好的集中度会更好。适合现在饮用。

④田 · 赤霞珠美乐干红2019

评分：★★☆

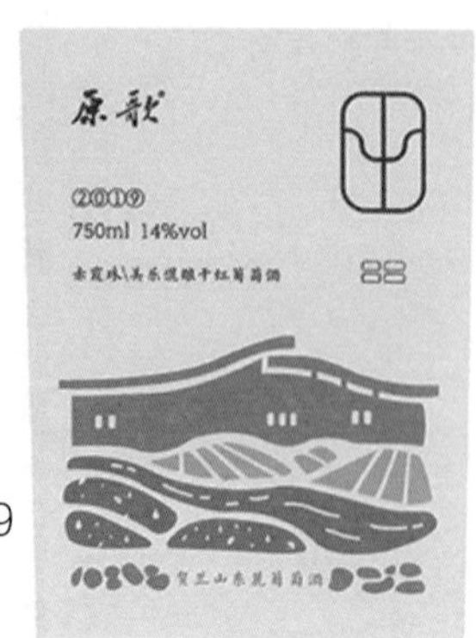

酒评：初闻带有淡淡的红醋栗叶子的气息，随后发展为熟化的李子和樱桃的香气，显示出一些陈酿特点。同时还有细微的蚝油和木板气息。入口多汁口感醇熟，显示出氧化的风格。单宁有砂质颗粒感，余味中等。目前适饮，最好在2026年前开瓶。

⑤川 · 赤霞珠干红2019　　评分：★★☆

酒评：熟化的香气，带有泥土气息及干木、树皮、蘑菇和烤芝麻的味道，搭配着话梅的口感。陈年风格，带有一些橙皮的味道，圆润的砂质单宁和中长的收尾展现出了一些复杂的熟化香气。现在可以享用。

1.10 圆润酒庄
YUANRUN WINERY

宁夏圆润葡萄酒酒庄建于2002年，酒庄坐落于银川市贺兰县，拥有可耕土地5000亩，每年葡萄加工能力700吨，年生产葡萄酒300多吨，葡萄酒近40万瓶。圆润酒庄的名字寓意“甘甜圆润”，酒庄虽没有宏伟的建筑，但是葡萄酒品质不俗，尤其难得的是其创新精神。圆润酒庄的小众品种值得尝试。

庄主：李明
销售负责人：张海燕
E-mail：yuanrunredwine@163.com
酒庄地址：宁夏银川市兴庆区民族北街
宝丰银座A座1-5号
联系电话：0951-5553666

酿酒师：幕启新

幕启新毕业于宁夏大学葡萄酒学院，于2015年担任酿酒师。

葡萄园介绍

酒庄拥有可耕土地5000亩，其中，酿酒葡萄种植基地1500亩，建设用地25亩。已建成葡萄酿酒车间1600平方米，地下酒窖1000平方米的葡萄酒庄园。

推荐酒款

① 二眼品丽珠干红2019　　评分：

酒评：浓郁、华丽的浆果果味和木桶带来的奶香感和甜香料相互融合，使这款酒充满了享乐主义风格。一丝干花也让香气更加优雅。口中则呈现出多汁的成熟果味，带有一丝胡椒感。收敛、具有砂质感的单宁将中等至饱满的酒体完整包裹，随后是悠长的余味。一款优质的品丽珠，如果再体现出更多的品种特性则会更上层楼。适合即饮，但具备3~5年的陈年实力。

② 一眼小芒森甜白2019

评分：★★★★

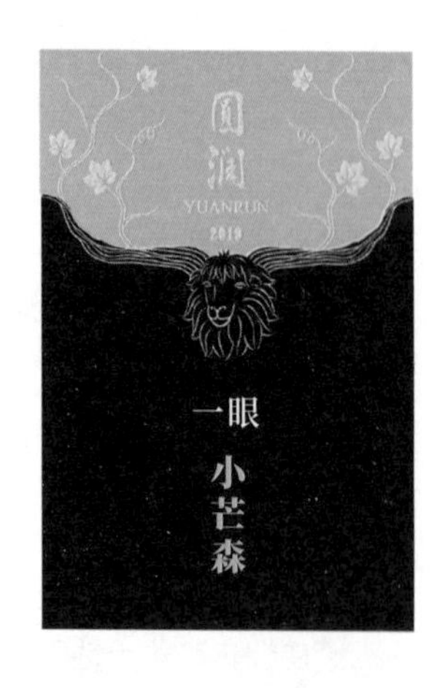

酒评：菠萝干、蜂蜜柠檬和糖渍芒果味。口感浓郁、糖分高，风味相当集中，但保持了新鲜感。明亮的酸度出色地平衡了残糖。适合现在到未来的3~4年内饮用。

③ 一眼马瑟兰干红2017　　评分：★★★

酒评：复杂成熟的香气，带有一些桂圆干、甜香料、树皮、巧克力、草药及白胡椒的气息。砂质感的单宁包裹着成熟而熟化的果味。不少果干的风味，但不显肥硕。回味较长。成熟、氧化的老派风格，需要更多的新鲜感。适合现在饮用，最好在2025年前开瓶。

④ 三眼珍藏赤霞珠干红2017

评分：★★★

酒评：完全熟化的果味、树皮、绿植物、甜香料和干泥土的气息。成熟而咸鲜，具有甜感。比较老派的风格。不过回味具有不错的长度。适合现在饮用。

⑤ 四眼珍藏西拉干红2016

评分：★★★

酒评：一款带有花香的西拉，伴随浓郁的黑樱桃、天竺葵和紫罗兰的香气，略带淡淡的白胡椒气息。入口樱桃和胡椒的风味更加明显，口感趋于线性，酸度较为活泼，余味充满果香。适合即饮，最好在2026年前饮用。

1.11 耘岭酒庄 YUNLING DRY RED WINE

YUNLING
DRY RED WINE
耘岭

耘岭酒庄建于2013年，坐落于金山产区。起初耘岭酒庄跟嘉地酒园联系紧密，后来分道扬镳，各自独立发展。耘岭酒庄的主体建筑虽尚未建成，但是其产品均是其酿酒师独立酿造的作品，葡萄也来自自有葡萄园。作为中国新兴品牌，年产葡萄酒约3万瓶，是典型的精品小酒农并以“车库酒”的模式生产葡萄酒。

庄主：甄少华
销售负责人：徐记平
E-mail：3077457630@qq.com
酒庄地址：宁夏银川市贺兰县洪广镇葡萄园路世界葡萄试验区37号地
联系电话：13212108875

酿酒师：黄学春

黄学春，耘岭酒庄首席酿酒师，宁夏大学农学院果树学硕士，致力于葡萄种植与栽培，以及葡萄酒酿造，其代表作耘岭·甄藏系列干红葡萄酒屡获国内外大奖，也是酒庄的主打酒款。

葡萄园介绍

耘岭酒庄葡萄园建于2013年，总计320亩（种植85亩），栽培有赤霞珠、美乐、品丽珠3个品种，年产葡萄30吨，葡萄园海拔1100~1200米，土壤中富含砾石，土质疏松透气，为葡萄生长提供良好条件。

推荐酒款

①甄藏干红2019　　评分：

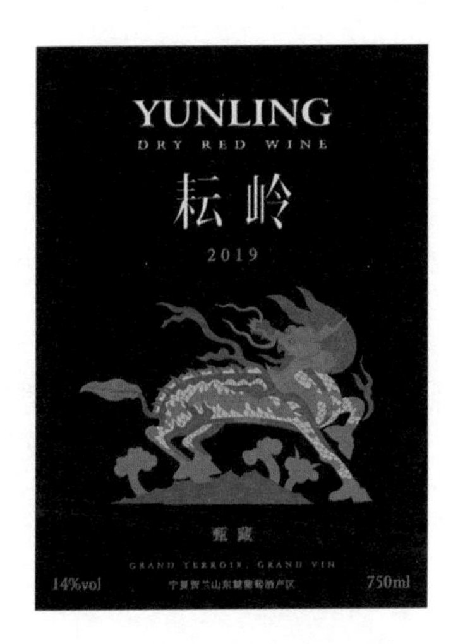

酒评：香气具有一定深度，初闻带有淡淡的橄榄气息，随后是成熟的黑莓、木桶的烤制香料、香草和巧克力气息。口感饱满、浓郁，酒体醇厚，能感受到单宁带来的颗粒感。颇具结构，但不算细腻。回味中长。目前已经适饮，最好在未来2~3年内饮用。

②甄选干红2019　　评分：

酒评：香气已几乎完全演变，初闻有泥土的气息，随后是红枣、植物、枸杞干的香气。单宁紧凑而有嚼劲，回味较简单，有熟化的水果干和泥土气息。需要在2025年前饮用。

1.12 海悦仁和酒庄 MOUNTAIN WAVE VINERY

宁夏海悦仁和酒庄建于2022年，由李景和李婕夫妇投资建设。酒庄位于金山产区，庄主长期在海外工作，归国后从上海返乡创业，希望归隐田园。酒庄建设面积4000平方米，如今已完成主体结构建设，并采购了齐全的酿酒设备。从海悦仁和的葡萄酒中就可以感受到庄主对葡萄酒的热爱和执着。在葡萄园管理、种植方面，庄主夫妇亲力亲为，在酿酒顾问邓钟翔的帮助下，海悦仁和酒庄逐渐成为了金山产区具有代表性的优质酒庄。近几个年份的海悦仁和的一山一水葡萄酒展现出较高水准，葡萄酒风格突出了健康的果味，其马尔贝克更逐渐成为该品种在宁夏的代表，2020年份葡萄酒也在此次盲品中表现优异。

庄主：李婕

销售负责人：李婕

酒庄地址：宁夏银川市贺兰县金山村葡萄酒试验区第13号地

联系电话：18795380330

酿酒师：邓钟翔

邓钟翔毕业于法国勃艮第大学葡萄酒学院，获得法国国家酿酒师文凭，擅长多种葡萄酒的酿造，对于不同产区、酒庄的葡萄酒有自己的理解。作为宁夏新生代酿酒师和酿酒顾问的代表，邓钟翔也是宁夏7家酒庄的酿酒顾问，他担纲的酒庄葡萄酒风格各异，品类丰富，具有十足个性和出色的风土表现力。除此之外，他还有自己和夫人孙洁一起经营独立的酿酒项目——“时光机”。邓钟翔是贵州人，但他扎根宁夏，并致力于宁夏风土和葡萄酒的表达。在他看来，一个人的精力是有限的，宁夏是培育他的地方，这里的风土的差异也足以让他将所有的精力投入其中。

葡萄园介绍

宁夏海悦仁和酒庄葡萄园建于2015年，总计300亩，栽培有黑比诺、马尔贝克、马瑟兰、赤霞珠、美乐和品丽珠6个品种，年产葡萄120吨，葡萄园海拔1188米。贺兰山脚下的金山产区土壤疏松透气，富含大块砾石，能够更好地反射阳光光热，葡萄的生长期常常较其他子产区来得更早，夏季气温也常常更高。好在这里昼夜温差更大，给葡萄酒带来更成熟浓郁的特点，使其具有扎实的单宁。

推荐酒款

①一山一水 马尔贝克 2020　评分：★★★★

酒评：深紫色。香气新鲜而具有花香，果味活跃，带有紫色水果和樱桃的风味，略有一些胡椒和石头的气息。口中果味发散，中等至饱满的酒体蕴藏着紧致的单宁和多汁的蓝色果味和黑胡椒。非常易饮、新鲜，具有不错的回味。果味具有诱惑力。适合现在至2026年间饮用。

② 一山一水微山水2020

评分：★★★

酒评：香气上果香充足，兼具红色和黑色果味，主要以山楂、黑莓为主，略带有些许石墨、辣椒和甜香料气息。口感较甜美，以果味主导，单宁含量中等，有一定咀嚼感。回味长度中等。较为简单、易饮。适合即饮，最好在2026年前饮用。

1.13 德沃酒庄 DEVO CHATEAU

D E V O

德沃酒庄建于2012年，是由庄主翟亮投资建设，酒庄位于金山产区，主要生产传统法起泡酒。作为中国国内极少数几个致力于传统法起泡酒生产者，它与宁夏著名的夏桐（Chandon Ningxia）在风格上不同的是，德沃酒庄偏向于突出传统风和酒泥陈酿香气。德沃是典型的车库酒庄，产品少而精。其2018年白中白起泡酒尤其让我们印象深刻。

庄主：翟亮

销售负责人：郑路鹏

E-mail：494380266@qq.com

酒庄地址：宁夏银川市贺兰县贺兰山东麓
　　　　　金山试验区28号地

联系电话：18995098488

酿酒师：金刚

金刚毕业于西北农林科技大学和澳大利亚阿德莱德大学，具有博士学位，目前任教于宁夏大学葡萄与葡萄酒工程系，副教授、硕士生导师。2018年，金刚带领研究生课题组团队与宁夏德沃酒庄合作研发了Devo悦慕MV01起泡酒。

葡萄园介绍

德沃酒庄葡萄园建于2015年，总计320亩，栽培有赤霞珠、黑比诺、霞多丽、美乐4个品种，年产葡萄酒3万瓶，葡萄园位于海拔1200米的微坡上，土壤疏水性强，以大块砾石和灰钙土为主，为葡萄生长提供良好条件。

推荐酒款

① 德沃Devo MV01 Brut NV

评分：★★★☆

酒评：浓郁的酵母饼干、柠檬皮、菠萝、奶油面包和酸面团的香气。气泡充盈而略显刺激、松散，入口的风味集中度很好，回味新鲜，令人垂涎。适合现在饮用。

② Devo Blanc de Blanc 2018

评分：★★★☆

酒评：一款令人印象深刻的白中白起泡葡萄酒，显示出咸柠檬、酵母饼干、青苹果和酵母的香味，还有一丝白色坚果和海草的味道。风味浓郁而集中，具有出色的干爽感，在奶油般质地的泡沫的衬托下呈现出美味的咸味，一直延续。适合现在饮用，最好在2026年前开瓶。

1.14 莱恩堡酒庄 CHATEAU LION

宁夏莱恩堡国际酒庄建于2015年，是由莱恩堡控股集团（北京）有限公司投资建设，酒庄占地面积10亩。集团还拥有北京莱恩堡（房山）等其他几家酒庄。该公司富有创新精神，在北京莱恩堡酒庄技术总监邹福林的带领下，酒庄还培育出王子、公主等自有的抗寒葡萄品种。

庄主：王明飞

销售负责人：倪思

E-mail：nisi@leb2010.com.cn

酒庄地址：宁夏银川市贺兰县金山自保局西山坡金山试验区1号地

联系电话：18911794772

酿酒师：刘思

刘思毕业于宁夏大学葡萄与葡萄酒学专业，2020年担任生产部副经理兼任酿酒工作，热衷于探索天然、健康、风味独特的中国葡萄酒。他热爱葡萄酒事业，对葡萄酒充满热情，坚信中国风土定能树立起中国葡萄酒的品牌。

葡萄园介绍

宁夏莱恩堡国际酒庄葡萄园建于2015年，总计200亩，栽培有赤霞珠、美乐、霞多丽、维欧尼4个品种，年产葡萄86吨，葡萄园海拔1200米，土壤中富含砾石，土质疏松透气，为葡萄生长提供良好条件。

推荐酒款

① 莱恩堡“家”赤霞珠 2021

评分：★★★

酒评：略显酸甜感，带有山楂、蔓越莓和一些樱桃、椒盐和橄榄的风味。单宁紧涩，酒体中等，回味略干。适合现在至2025年间饮用。

② 莱恩堡“兴”美乐2021

评分：★★☆

酒评：这是一款砖红色的葡萄酒。闻起来有焦油、树脂、甘草糖和旧皮革的气味，这些气味赋予这款酒老熟的风格。单宁较干，余味中长，回味带有明显的果甜。比较老派、氧化的风格。需要现在饮用。

③ 莱恩堡“家”霞多丽 2021　　评分：★★☆

酒评：相当年轻的香气，带有低温发酵的酯类香气。有白梨、乳酸、黄苹果气息。口感上刚入口略有气泡，口中风味清淡、简单而丝滑，回味较为短暂。适合现在饮用。

1.15 澜德瑞酒庄 LANEREY WINERY

宁夏澜德瑞酒庄有限公司，坐落于金山产区，酒庄拥有300亩葡萄园，主体及车间待建，与耘岭酒庄类似，其用自有原料酿酒，年产量低，仅18000瓶左右，但品质不俗。

庄主：牛万忠

销售负责人：牛伊凡

E-mail：348079719@qq.com

酒庄地址：宁夏银川市贺兰县金山国际葡萄试验区35号地

联系电话：13895183345

酿酒师：谢亚玲

谢亚玲从业以来，先后在宁夏西夏王葡萄酒厂先后任质检员、化验员、研究员、技术科副科长，之后转任宁夏红枸杞产业集团历任新产品开发科科长、技术部经理、副总工程师、质量/环境/HACCP体系审核组长，代管博士后流动工作站、研究所、工程技术中心，并与科研机构开展新产品研发、课题、项目合作等事宜。作为酿酒师，谢亚玲经验非常丰富，其酿造的葡萄酒多次荣获国际金奖。目前，谢亚玲也是宁夏为数不多的几个酿酒顾问之一。

葡萄园介绍

葡萄酒面积共300亩，主要栽培酿酒葡萄其中红色品种为品丽珠、美乐、马瑟兰，白色品种为琼瑶浆等。为了保证葡萄酒的质量，澜德瑞酒庄亩产仅有300千克，严格控产，提高葡萄酒的风味浓缩度。葡萄园土壤中富含砾石，土质疏松透气，为葡萄生长提供良好条件。

推荐酒款

① 澜德瑞澜山美乐干红　　评分：★★★☆

酒评：成熟且具有光泽般的香气，初闻有乌梅和黑巧克力香气。入口多汁充盈，酒体饱满。单宁新鲜且质地丝滑。余味细腻而悠长，回味多汁。适合现在饮用，但也可以在未来2~3年饮用。

② 澜德瑞明月品丽珠

评分：★★★

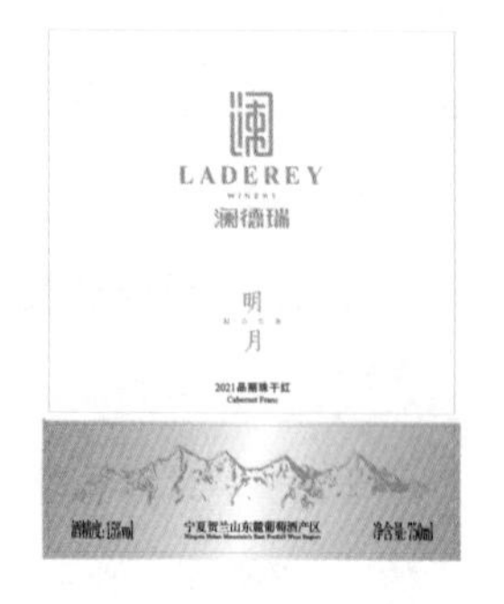

酒评：果味明显，带有山楂、草莓干和黑莓的香气，些许石墨和孜然般的香辛料气息。口感爽脆，较为线性，砂质单宁，回味带有些许香料和植被香气。适合现在饮用，最好在2026年前开瓶。

③ 澜德瑞铭作干红　　　　评分：★★★

酒评：甜香料、石头和淡紫色花香伴随着橄榄，还有红醋栗和樱桃香气。入口多汁，单宁紧致且有一定的结构感，带来些许嚼劲。回味中等偏长。整体是一款平衡的混酿，包括品丽珠、美乐和马瑟兰。目前宜饮，最好在2026年前开瓶。

1.16 金沙麓鼎酒庄 JINSHALUDING WINERY

宁夏金沙麓鼎酒庄成立于2012年1月，其酒庄坐落于葡萄酒与防沙治沙职业技术学院内，属于产教融合单位，担负学校实训基地的任务。酒庄设备完善，能够很好地完成各种葡萄酒酿造及教学活动。酒庄葡萄园位于金山产区，目前葡萄仍未挂果，学院内有示范园60亩，拥有多种小品种用于学生酿酒实训，很好地为产区提供了后备人才。目前很多独立酿酒师也在葡萄酒与防沙治沙职业技术学院租赁设备酿酒。我们期待金沙麓鼎的葡萄酒在质量上有进一步提高。

庄主：季军
销售负责人：孙浩
E-mail：nxbxkj@163.com
酒庄地址：宁夏银川市永宁县胜利乡
（宁夏葡萄酒与防沙治沙职业技术学院院内）
联系电话：18909593889

酿酒师：孙浩

孙浩2016年毕业于宁夏葡萄酒与防沙治沙职业技术学院，对葡萄酒酿造有独特的见解和方法。

葡萄园介绍

宁夏金沙麓鼎酒庄葡萄园建于2019年，总计360亩，其中葡萄品种示范园栽植面积60亩，栽培有马瑟兰、西拉、马尔贝克、小维尔多等13个酿酒葡萄品种供学生实训，大规模种植面积约300亩，有美乐、赤霞珠等宁夏产区表现优良品种，葡萄园海拔1200米，土壤中富含砾石，土质疏松透气，为葡萄生长提供良好条件。

1.17 虎薇酒庄 CHATEAU TIGEROSE

虎薇酒庄建于2014年，拥有高品质葡萄园，酒庄车间、酒堡待建，所以其产品由其酿酒师在夏木酒庄酿造。通过其对葡萄园的精心管理，其酒庄葡萄酒品质极高，值得推荐。

庄主：薛丽娟

销售负责人：薛丽娟

E-mail：nx.jy@163.com

酒庄地址：宁夏银川市贺兰县洪广镇金山国际葡萄酒试验区60号

联系电话：18995072990

酿酒师：江涛

江涛是宁夏资深酿酒顾问员，国家级评酒委员，国家一级品酒师。他在葡萄园和酒窖摸爬滚打了20多年，探索符合中国人口味的葡萄酒。江涛于西北农林科技大学葡萄酒学院毕业，曾担任中粮长城天赋酒庄总酿酒师。四十不惑，他辞去总酿酒师的职务，追寻自由，挑战自我，转型做自由酿酒师及酿酒顾问。经他指导的酒庄产品多次斩获国内外大奖。近3年来，他与自己的七星技术团队一起孜孜不倦致力于挖掘各子产区特色，挖掘品种、酒种特色，提升中国葡萄酒品质，推动产品多样化发展。

葡萄园介绍

葡萄园占地面积300亩，目前葡萄品种有赤霞珠、美乐、马瑟兰、黑比诺、霞多丽。在种植上，酒庄倾注了大量精力，致广大而尽精微。酒庄栽培和酿造敬重“耕种礼序”，感知“四季礼法”，旨在传递“农作礼念”，以手艺人之心，守候云上山野的浪漫生活。

推荐酒款

① 虎薇酒庄赤霞珠美乐2021 评分：★★★☆

酒评：甜香料、咖啡、香草、黑加仑和樱桃利口酒的香气。风味浓郁、饱满。口感扎实，单宁紧致而具有砂质感。收尾悠长、甜美而具有丰富的香料感。至少需要一年来熟化单宁和木桶的甜香料风味。从2024年开始的5~6年内饮用。

② 虎薇酒庄马瑟兰2021 评分：★★★☆

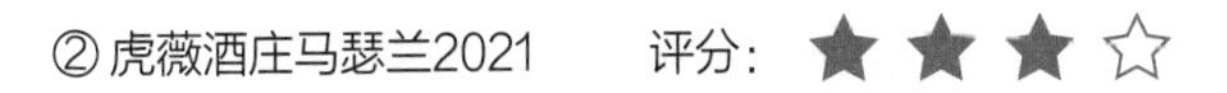

酒评：年轻、浓郁而较为直接的一款马瑟兰。果味成熟度高，带有甜美充沛的红色和黑色莓果、咖啡和紫罗兰的香气。木桶和萃取的痕迹较重，不过它们也一定程度增加了风味和回味的长度。建议在2025年品尝。

③ 虎薇黑比诺2021　　评分：★★★

酒评：葡萄酒呈现出一些甜香料、香草和咖啡糖的香气，兼具一些糖渍树莓和黑樱桃的香气。酒体饱满，单宁紧致，葡萄酒浓郁的风味充分地刺激味蕾。余味绵长、浓郁而柔软，但缺乏黑比诺的典型性。尝试将这款酒继续瓶储至2024年再开瓶饮用。

④ 虎薇赤霞珠2020　　评分：★★☆

酒评：果味鲜美、带有橙皮干和绿橄榄及一些烟草和草药的味道，已经演化出一些陈酿香气。口中，酒体中等至饱满，带有些许泥土和草本的风味。集中度和回味中长。适合现在饮用，最好在2025年前开瓶。

⑤ 虎薇美乐nv　　评分：★★☆

酒评：闻起来有淡淡的太妃糖香气，还带有黑樱桃、生木头成木板和橄榄气息，同时也有明显的酒精感。入口有豆豉、橄榄和黑樱桃风味。酒体饱满，单宁紧涩。风味简单、明显而重口。目前宜饮。

1.18 明月酒庄

YUE VINEYARD

明月酒庄创立于2015年，其位置靠近嘉地酒园和夏木酒庄，2023年初被夏木酒庄前种植师田野收购。酒庄的车间和主体建筑正在施工阶段。此次品鉴，明月酒庄的2021马瑟兰和赤霞珠表现不俗，我们完全有理由相信这个金山产区的新酒庄在未来5年内能取得更好的成绩。

庄主：田野

销售负责人：时婷

E-mail：584348194@qq.com

酒庄地址：宁夏银川市贺兰县金山国际葡萄酒试验区62号地

联系电话：18509512286

酿酒师：田野

田野毕业于宁夏大学农学学院，2013年加入位于金山产区的夏木酒庄，主要负责开垦葡萄园和车间管理的工作。在他和多个酿酒顾问（包括廖晓燕团队、周淑珍和邓钟翔）的努力下，夏木酒庄已经取得瞩目的成绩。2021年田野开始着手筹备自己的葡萄园和酒庄，并于2022年底完全投入到明月酒庄的葡萄栽培和酒品酿造中。

葡萄园介绍

明月酒庄葡萄园建于2015年，总计160亩，栽培葡萄品种有赤霞珠、马瑟兰、黑比诺、美乐，年产葡萄250吨，葡萄园海拔1200米，土壤中富含砾石，土质疏松透气，为葡萄生长提供良好条件。

推荐酒款

① 澄岚马瑟兰干红2021　　评分：★★★★

酒评：墨汁般的深紫黑色。散发着焦油、成熟的黑樱桃、桑葚、紫罗兰精华、桂圆和烤咖啡豆的香气。口感丰富，酒体饱满，单宁精细而充足，余味相当悠长，带有香料和烘烤气息。复杂、浓郁，略微过熟的重口味风格，但仍然保持着不错的平衡。对宁夏马瑟兰来说，这种成熟度并不算夸张。适合在2024年开始的3年内饮用。

② 澄岚赤霞珠干红2021　　评分：★★★☆

酒评：浓郁的黑色果味，带有乌梅、黑莓和些许热石、蚝油和咖啡的气息。香气怡人酒体饱满，单宁呈现出粉状的致密感和结构感。果味成熟，华丽而悠长。需要一年的时间让单宁更加醇熟。建议2024年开始饮用。

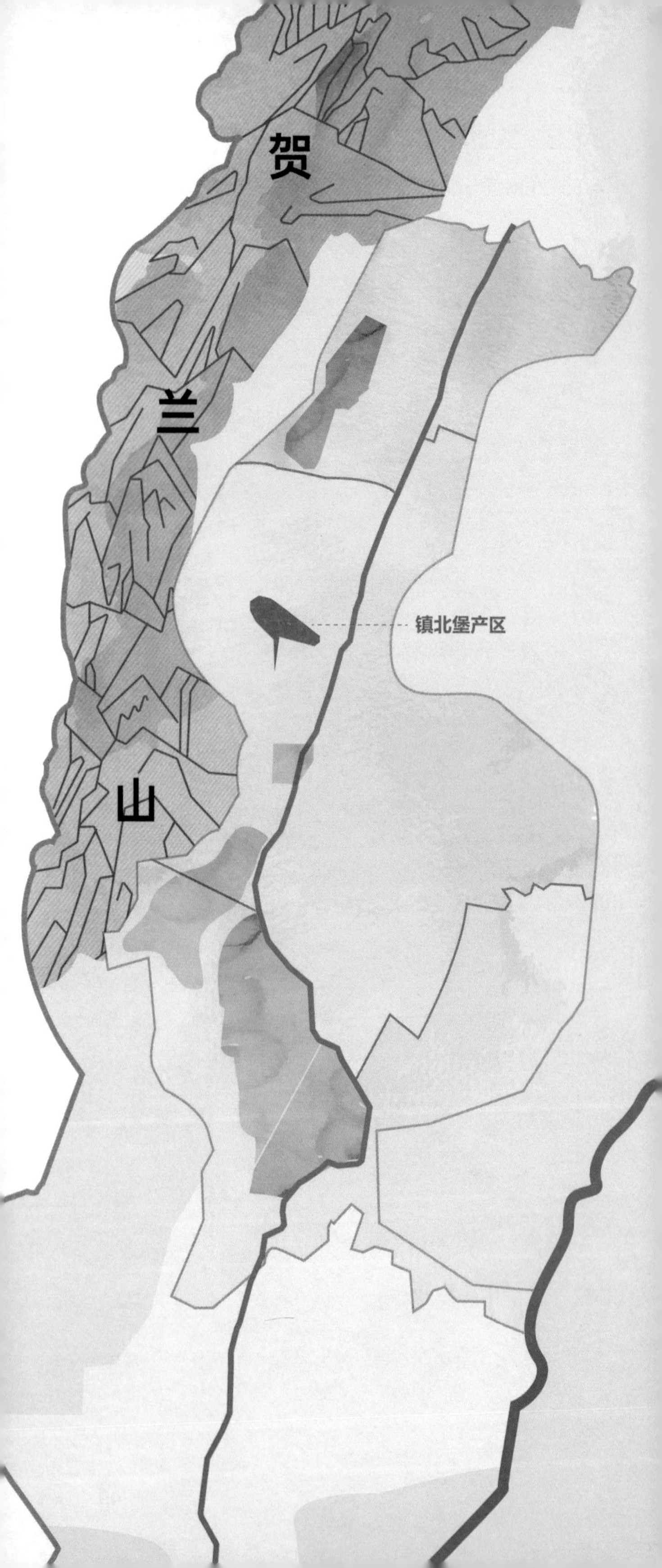
贺
兰
山
镇北堡产区

2

镇北堡产区

12家

2.1 美贺庄园 CHATEAU MIHOPE

美贺庄园坐落于宁夏贺兰山东麓葡萄酒产区，海拔1100米的宁夏银川市西夏区镇北堡影视城向西4千米处，由著名家用电器制造商美的集团投资建设。美贺酒庄的建立得益于美的集团总裁何享健对葡萄酒的热爱，其名字寓意美的集团在贺兰山下的庄园。酒庄的法式酒堡建筑相当宏伟，并收藏当代艺术品，被称为艺术酒庄。美贺葡萄酒产品风格浓郁、大气，也不失精准，其中高端款的葡萄酒都有不错的陈年潜力。2019年份的美贺珍藏干红葡萄酒在此次盲品中取得非常出色的成绩，也再次证明了其实力。此外，酒庄的西拉、马瑟兰和维欧尼也非常值得推荐。目前，美贺酒庄的葡萄酒由飞行酿酒顾问Marc Dworkin参与调配与指导。

庄主：李嘉龙
销售负责人：柳赐福
E-mail：xiqiang@midea.com
酒庄地址：宁夏银川市永宁县闽宁镇199号
联系电话：18295186241

酿酒师：周兴

周兴，硕士，2010进入宁夏大学果树学系学习葡萄栽培和葡萄酒酿造，2013年毕业进入宁夏美御葡萄酒酿造有限公司，先后参与了葡萄园基建、苗木种植、酒堡设计、设备采购、产品酿造、产品推广等工作，目前任美贺庄园生产总监兼首席酿酒师，工作期间先后去美国及欧洲各国交流学习，他也拥有国家一级酿酒师、一级品酒师、葡萄酒及果酒国家评委、银川市酿酒师联盟委员会委员等头衔。

葡萄园介绍

美贺庄园葡萄园种植于2011年，总计1500亩，栽培有赤霞珠、美乐、马瑟兰、西拉、霞多丽、维欧尼、雷司令7个品种，年产葡萄450吨，葡萄园海拔1100米，土壤中石块丰富，有利于排水和反射光热。

推荐酒款

① 美贺珍藏干红葡萄酒2019

评分：★★★★

酒评：深邃的颜色和香气，具有很好的深度和复杂性。烘烤的香料、黑巧克力、肉干的香气给浓缩而“富有光泽”的黑色果味增加了一丝诱人的风味。口感华丽、饱满，风味充足，单宁紧致而具有很细致的颗粒感，具有很好的单宁质量和酸度。收尾带有些胡椒的气息，十分悠长。这款宁夏葡萄酒展现了不错的陈年潜力，适合现在至未来的5~6年内饮用。

② 美贺珍藏干红葡萄酒2020 评分：★★★★

酒评：浓郁、甜美的黑加仑、黑莓果味伴随着一些黑樱桃和巴萨米克陈醋的淡淡香气。略带些许橄榄和红椒的风味。口感有果甜感，单宁充沛，口感扎实饱满，具有一定的陈年潜力。最好从2024年开始的4~5年内饮用。

③ 美贺艺术家限量版干红2020

评分：★★★★

酒评：一款非常优质的葡萄酒，香气深邃而饱满，闻起来有黑樱桃、黑巧克力、香料和一些干百里香和胡椒粒的辛香。口感饱满，风味层次清晰，单宁丰富而细腻，余味持久。适合现在到2028年间饮用。

④ 美贺维欧尼干白2021

评分：★★★☆

酒评：香气扑鼻，但并不过分张扬。茉莉花、金合欢、桃干和一些姜碎和些许矿物的气味。口中风味新鲜、表现力强，中等偏高的酸度使这款比较圆润的维欧尼葡萄酒具有出色的活力和锐利感。适合现在饮用，在2026前开瓶为宜。

⑤ 美贺甄酿2020

评分：★★★☆

酒评：香气浓郁，胡椒的香气非常诱人，伴随着其他香料石墨、黑樱桃和黑莓。单宁紧致又不失顺滑，酒体中高，口内回味同样是胡椒和活泼的果味留香。现在适饮，也可以在未来3年内饮用。

⑥ 美贺雷司令2022

评分：★★★

酒评：香气馥郁，闻起来带有荔枝、干柠檬皮的香气，并伴有淡淡的香茅和白花香。入口干净爽脆，酸度和风味良好，中等余味，回味圆润。适合即饮，最好在2026年前开瓶。

⑦ 美贺干白葡萄酒2021

评分：★★★

酒评：香气新鲜，带有清爽的柑橘果味和一些金属和矿物风味。口感清冽，爽脆的酸度给葡萄酒带来足够的新鲜感，余味清爽、干净而简单。适合即饮。

⑧ 美贺经典2020

评分：★★★

酒评：闻起来有樱桃干的香气，并伴随一些植物药材和红枣气息。入口微咸，带有些许甜感，伴随一些白胡椒香料。单宁紧致，回味圆润，果味直接、甜美而简单。余味长度中等。最好现在至2026年内饮用。

2.2 名麓酒庄

MONLUXE DOMAINE

“地块珍贵、天赐风土、精植精酿、工匠达人”是始建于2012年的名麓酒庄的口号。酒庄种植及酿造符合欧盟有机标准和中国有机标准，并已获得欧盟有机和中国有机认证转换证书。名麓酒庄的产品质量不俗，酒庄成立时间也较早，但酒庄行事低调，使其在业内知名度不高。酒庄马瑟兰在此次品鉴中表现出色。

庄主：王戈琪

销售负责人：李宜冉

E-mail：hlsmljz@163.com

酒庄地址：宁夏银川市西夏区镇北堡镇昊苑村
云山路南侧

联系电话：15769612207

酿酒师：周淑珍、陶俊恺

周淑珍是宁夏当地非常受尊敬的酿酒师之一，也是迦南美地、留世、嘉地、长河翡翠等知名酒庄的酿酒顾问。她是宁夏葡萄酒产业颇具影响力的酿酒顾问，目前为6家酒庄担纲酿酒顾问。周淑珍的酿酒理念主要在于保证酒的成熟度下尽量提高酸度和单宁质量。她也是中国第一位独立酿酒师。

陶俊恺是周淑珍的酿酒助理，毕业于食品相关专业，2014年开始在名麓酒庄工作，工作认真严谨，对葡萄酒酿造和餐饮都有自己的理解。

葡萄园介绍

葡萄园占地面积200亩，所属地块土壤类型为石灰质砂砾性土壤与黏土。葡萄园种植的酿酒葡萄品种主要有赤霞珠、美乐、霞多丽，树龄超过9年，葡萄酒年生产能力达到48吨。此外，葡萄园还拥有完善的“以色列滴灌水肥一体化”技术系统、“污水生物处理”系统、“生活用净化水”和“生产用软化水”设施、“垃圾分类处理”设施，葡萄园的每块葡萄地里都设有音响设备。

推荐酒款

① 名麓马瑟兰2021　　评分：★★★☆

酒评：墨紫色的色泽。深紫色的水果加上紫罗兰、石墨和一丝白胡椒的香味。口感饱满、多汁，果味浓郁，单宁浑厚细致、具有砂质感，余味果味充足，显得柔顺、均衡而带有果肉感。适合现在至未来的3~4年内饮用。

② 名麓干白2021 评分：★★★

酒评：香气新鲜而较为发散，带有淡淡的柠檬、西柚柑橘类和新鲜的苹果等核果香气。入口刚开始略有微气泡，中段爽脆、新鲜而干净。回味中等。一款相对简单但平衡、新鲜的霞多丽。适合即饮，最好在2025年前饮用。

③ 名麓II2019 评分：★★☆

酒评：初闻有蚝油和淡淡的铅笔芯、木材的香气，随后黑樱桃和香料的香气弥漫开来。口中有一定的结构感，单宁扎口，回味紧实。该酒目前宜饮，但最好在两年内饮用。

2.3 牧童酒庄

SHEPHERD VINEYARD

宁夏牧童酒庄是葡萄酒爱好者石悦于2018年创建的，致力于酿造精品葡萄酒。酒庄拥有独立葡萄园，并严格控制产量。同时，酒庄秉持可持续发展理念，重视贺兰山的生态平衡、生物多样性保护和葡萄园的可持续发展。相比于大多数宁夏酒庄，牧童是一个年轻、低调的酒庄。酒庄2019年产品质量可圈可点，尤其是其珍藏赤霞珠。牧童酒庄很有潜力，未来可期。

庄主：石悦

销售负责人：石悦

E-mail：oco7739@dingtalk.com

酒庄地址：宁夏银川市西夏区镇北堡镇昊苑村

联系电话：15809588686

酿酒师：迈克·盖德（Michael Gadd）、张大伟

酒庄顾问澳大利亚酿酒专家迈克·盖德参与酒庄葡萄酒的酿造、风格定位和产品体系建设。作为葡萄酒行业专业人士，他拥有超过30年的行业经验，涉及葡萄酒生产、橡木产业、葡萄酒教育、酒庄酒店业及旅游、媒体及葡萄酒活动的各个方面。

酿酒师张大伟研究生毕业于英国华威大学商学院，留学期间游历欧洲时对葡萄酒产生了浓厚兴趣。因与贺兰山的结缘和与迈克·盖德的偶遇，开始种植葡萄并学习酿酒，现已成为国家级酿酒师和品酒师。同时他还经营一家传统中式餐厅，对于中式美食与葡萄酒的搭配有着独到的见解。

葡萄园介绍

牧童葡萄园位于宁夏贺兰山国家级自然保护区核心边界旁，海拔在1100米以上。土壤以冲积物为主，含淡灰钙土、砾石，是壤土和沙砾结合型土质。这里气候为中温带大陆性干旱气候，昼夜温差大，日照充足，年积温稳定。海拔、纬度及贺兰山的遮挡等因素使其难遇霜冻，形成了独特的小气候环境。种植葡萄品种有赤霞珠、马尔贝克、西拉和马瑟兰。

推荐酒款

① 牧童珍藏赤霞珠2019

评分：★★★☆

酒评：黑橄榄、黑樱桃、红辣椒和一些可可粉的香味，随后是多汁、浓郁的口感，单宁紧实、致密。风味浓郁，余味中等偏长。单宁的新鲜度和结构感出色。宜饮宜藏。最好在2027年前开瓶。

② 牧童赤霞珠 Shepherd boy2019

评分：★★★

酒评：沥青和甜樱桃、黑加仑子、辣椒巧克力、红辣椒和黑橄榄，及一点烟叶的味道。口感多汁、爽脆，单宁细腻而紧致。适合在2026年前饮用。

③ 牧童赤霞珠2019　　评分：★★☆

酒评：散发着黑豆、茴香和成熟的黑莓的香味，口感中有腌肉和木炭的味道。口感多汁，多汁的水果带着一丝清香。酒体较为瘦弱，但充满活力。适合现在饮用。

④ 牧童shepherd girl Rose NV　评分：★★☆

酒评：这是一款由赤霞珠酿造风格简单、口感偏甜的桃红葡萄酒。入口微甜，酒体中等。余味略显甜腻，回味清淡，带有糖果味。门槛较低的一款桃红。适合现在饮用。

2.4 志辉源石酒庄 YUANSHI VINEYARD

宁夏志辉源石葡萄酒庄有限公司成立于2013年，酒庄位于银川市西夏区镇北堡镇，酒庄占地18000亩。酒庄在银川产区内知名度很高，葡萄酒旅游配套设施和服务较为完善，是很多游客葡萄酒旅游的首选地。酒庄产品质量稳定，入门酒款更有着亲民的价格。在此品鉴中，酒庄的山之语2020和山之子2019葡萄酒都有优异的表现。其中，山之语性价比出色。

庄主：袁园
销售负责人：杨宇轩
E-mail：yschateau@163.com
酒庄地址：宁夏银川市西夏区镇北堡镇昊苑村
联系电话：4009676657

酿酒师：杨伟明

杨伟明先生2009年进入志辉源石酒庄工作，2012年在法国葡萄酒大学（Universit é du Vin）进行侍酒师课程学习并顺利结业。一直以来，他秉承着追求品质、减少人工干预及辅料添加的酿酒理念，使葡萄酒成为贺兰山东麓产区风土特色的载体，更让宁夏葡萄酒走进大众消费者的日常生活。

葡萄园介绍

宁夏志辉源石酒庄葡萄园酿酒葡萄种植面积3000亩，主要种植赤霞珠、美乐、马瑟兰、霞多丽等品种。

推荐酒款

① 山之子干红2019

评分：★★★★

酒评：是一款结构完整、具有不错复杂度的葡萄酒。香气具有不错的深度，充满黑莓、可可粉和烘烤的气息。口感浓郁、饱满，但不失新鲜。砂质单宁，回味悠长，果味和甜香料充分结合。适合现在至未来3~4年内饮用。

② 山之语干红2020

评分：★★★☆

酒评：香气略带花香，白梨，甚至能让人感受到这款葡萄酒具有些许白葡萄的香气。同时还散发着樱桃、薰衣草和些许铅笔芯的味道。我们欣赏这款酒的新鲜感和白垩质地的单宁，它赋予了酒体更线性和明快的风格，回味中长而多汁。他是一款有活力且十分易饮的美酒，适合现在饮用，但也可以在未来3年内饮用。

③石黛干白2021　　评分：★★★

酒评：香气新鲜、内敛，带有些许白杏仁、苹果、湿石头和白花的气息。口感爽脆，酒体中等，中段有一定圆润感。风味优雅，并不算集中，但回味略带些白垩质感，长度中等。适合即饮，最好在2025年前饮用。

2.5 蒲尚酒庄 DOMAINE PU SHANG

蒲尚酒庄与志辉源石酒庄相邻，但是风格不尽相同。蒲尚的葡萄酒整体风格更加甜美。一定程度上，这可能因为酒庄在橡木桶的使用上加入了不少美国桶的因素。酒庄由杨冀鑫和姜婧夫妇运营，自酿自销，通过多年的实践，产品质量稳定，市场上也有很好的反馈。蒲尚是最早在产区推广马瑟兰的酒庄之一，其蒲尚马瑟兰葡萄酒也是宁夏优质马瑟兰的代表之一。

庄主：杨冀鑫

销售负责人：杨冀鑫

E-mail：316896885@qq.com

酒庄地址：宁夏银川市西夏区镇北堡镇昊苑村

联系电话：13469553333

酿酒师：姜婧

姜婧从2014年起担任蒲尚酒庄酿酒师，她向宁夏许多酿酒前辈虚心请教酿酒技术，逐渐形成了自己的风格。作为年轻的酿酒师，她对葡萄酒酿造有着独特的见解和方法，酿造的马瑟兰干红葡萄酒深受消费者喜爱。

葡萄园介绍

蒲尚酒庄葡萄园始建于2009年，总计300亩，栽培酿酒葡萄品种有马瑟兰、赤霞珠、马尔贝克、小维尔多，年产优质葡萄100吨，葡萄园海拔1135米，土壤中富含砾石，土质疏松透气，为葡萄生长提供良好条件。

推荐酒款

①蒲尚酒庄马瑟兰干红 2021

评分：★★★★

酒评：木桶带来的甜香料感尚未融合，在黑色果味上带有香草、烤榛子的味道，此外还伴有黑橄榄，紫罗兰干花和牡蛎壳的味道。口中的果味十分成熟甜美，已经接近果酱感，好在有出色的风味物质好的结构来平衡。单宁充足、细腻，口感丰富、成熟而多汁，回味悠长。

②蒲尚酒庄天时马瑟兰2021

评分：★★★

酒评：香气浓重，果酱感明显。烤黑樱桃、桑葚和煮熟的叶子风味。口中果味充足，毫无修饰，有过熟感。回味简单，余味中等，带有黑樱桃和紫罗兰干花的特点。

2.6 欣恒酒庄
XINHENG WINERY

欣恒酒庄成立于2019年，紧邻源石酒庄，酒庄规模不大，年产葡萄酒约4.5万瓶。酒庄由王宇恒和高欣迪夫妻二人打理，酒庄的名字就取自二人名字。庄主二人致力于打造成为一家新中式精品葡萄酒庄。酒庄比较重视营销，也做了很多联名产品，对产品十分用心，具有很大潜力。

庄主：王宇恒
销售负责人：王宇恒
E-mail：xinheng_winery@163.com
酒庄地址：宁夏银川市西夏区镇北堡镇
昊苑村二组东区14号
联系电话：13895171222、400-6360-620

酿酒师：周淑珍

周淑珍女士是宁夏知名酿酒顾问，1983年跟随中国酿酒先驱郭其昌先生参与了中国当代首批葡萄酒的酿造。2005年取得国家级葡萄酒评委，成为宁夏第一位女性评委，同时取得了国家二级酿酒师、二级品酒师资格。2014年周淑珍女士成为中国第一位独立酿酒师，她酿造的葡萄酒获国内外奖项颇丰。她也是宁夏多家重量级酒庄的酿酒顾问。

葡萄园介绍

宁夏欣恒葡萄酒葡萄园位于银川市西夏区镇北堡镇，葡萄园占地185亩，于2022年开始开垦，2023年定植约150亩。计划种植赤霞珠、马尔贝克、马瑟兰、小芒森和维欧尼。

推荐酒款

① 勤煦庄主

珍藏梅鹿辄干红2021

评分：★★★

酒评：蔓越莓干和一些香草、甜香料及话梅的香气。口中表现线性，酒体中等，单宁紧致而顺滑。回味甜美圆润，略有灼热感。目前宜饮，最好在未来2年内饮用。

② 山地雄心2022

高山滑雪收藏款2020

评分：★★★

酒评：香料、浓郁的黑莓、红黑加仑和植被的香气。中等酒体，果味多汁、发散，在口中单宁完整而略带有颗粒感。回味

中等。美乐赤霞珠混酿。适合现在饮用，最好在2026年前开瓶。

③望月西拉干红2021

评分：★★★

酒评：散发充足的黑樱桃香，也伴随淡淡的紫罗兰和蚝油的气息。刚入口有些许细小的气泡，酒体中等，单宁紧致，余味果香明显，长度中等。宜在2024年饮用。

④远山如黛橡木桶珍藏干红2020

评分：★★★

酒评：甜香料、黑莓和一丝橄榄和黑豆泥的香气。口中酒体中等，显得多汁而富有不错的活力，只是在风味感上略显轻薄。美乐赤霞珠混酿。适合现在饮用，最好在2025年前开瓶。

⑤山地雄心2022
高山滑雪收藏款霞多丽2019

评分：★★☆

酒评：中等金黄色色泽。这款酒更多地表达了熟化香气，具有类似腰果、果仁和蜂蜡的味道，略有蜜橘感。口中风味并不明朗，更多地展现出肥硕和圆润的油脂感。缺乏酸度和活力。回味一般。最好在2024年饮用。

2.7 云蔻酒庄 YUNKOU WINERY

云蔻酒庄位于振兴路与赤霞珠路口，紧邻美贺酒庄，自有葡萄园内种植有多个品种，酒庄仍在筹建中。酒庄建设之初拥有高质量产品，近些年已无专职酿酒师，产品也少在市场曝光。

庄主：张涛

销售负责人：张涛

E-mail：775213469@qq.com

酒庄地址：宁夏银川市西夏区镇北堡镇
振兴路与赤霞珠路口东南侧

联系电话：13895308970

葡萄园介绍

云蔻酒庄葡萄园建于2013年，总计200亩，栽培有赤霞珠、美乐、西拉、马瑟兰、小维尔多、雷司令、维欧尼7个品种，葡萄园海拔1190米，年产葡萄90吨。

推荐酒款

2018妙音鸟马瑟兰干红

评分：★★★

酒评：香气演化得较快，风格略显成熟、老派。泥土、树皮、樱桃派、黑莓和甜香料的风味。口感饱满、浓缩，果味较甜，单宁结构宏大，具有咀嚼感。稍欠平衡。最好在2024年内饮用。

2.8 卓德酒庄

CHATEAU DRYAD

卓德酒庄为宁夏卓德实业集团旗下产业，成立于2006年，取名卓德在于其立意“卓尔不凡、厚德载物”。葡萄种植基地位于镇北堡，葡萄酒生产位于红寺堡产区。酒庄较少参加推介营销活动，市场知名度一般。不过，卓德酒庄的产品定价较亲民，性价比较高，并在多个国内外葡萄酒大赛中获得不错的成绩。

庄主：李志海

销售负责人：樊志刚

E-mail：504650603@qq.com

酒庄地址：宁夏银川市西夏区镇北堡镇镇苏路5公里处

联系电话：18009574411

酿酒师：李方

李方擅长葡萄种植及多种葡萄酒的酿造，热爱葡萄酒事业，对葡萄酒充满热情，工作认真细致，酿酒多年来葡萄酒品质稳定、风格突出、善于表达宁夏贺兰山东麓产区风土，追求人与自然和谐共存，走出了一条属于卓德酒庄的独特道路。

葡萄园介绍

卓德酒庄葡萄种植园区总占地1650亩，引进种植法国进口脱毒苗木，有赤霞珠、美乐、黑比诺、西拉、霞多丽、马瑟兰等8个葡萄品种，人工采摘，经穗选、粒选、整粒发酵，从而保持了葡萄原生状态。

推荐酒款

①精选赤霞珠干红2019

评分：★★★

酒评：黑加仑、黑莓和些许木桶带来的奶油和甜香料感。入口浓郁、饱满，单宁紧实而略显粗糙，具有较强的咀嚼感。回味悠长。需要一年左右的时间来使单宁更好地熟化。适合在2024—2025年饮用。

②珍酿干红2019　　评分：

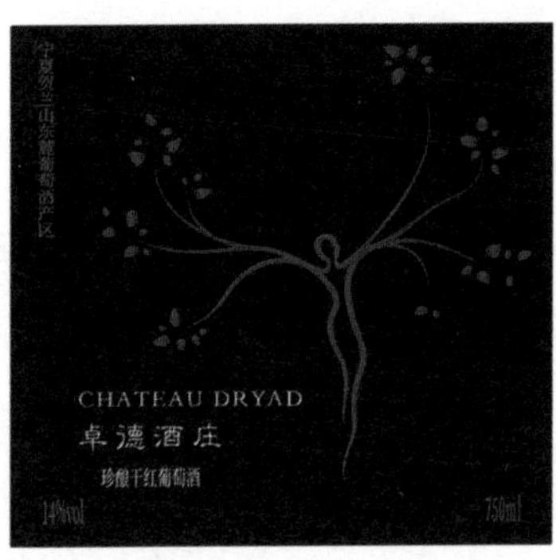

酒评：香气成熟，具有石楠花、李子、蓝色和红色莓果等果味。中等酒体，中段多汁，果味以熟化的红果为主。单宁在收尾时略显干涩。回味具有不错的长度，尽管酒体略显清瘦，单宁显得具有骨感。适合即饮，最好在2025年前饮用。

2.9 宝实酒庄 BAOSHI WINERY

宝实酒庄成立于2012年，酒庄规模不大但是设施齐全。酒庄走“小而精”的路线，之前产品在市场上鲜有露出，近几年加大了推广力度。酒庄葡萄酒风格趋于甜美、软熟，整体质量还有提升空间。我们建议购买酒庄新年份的产品。

庄主：康增

销售负责人：吴欢伟

E-mail：baoshijiuzhuang@163.com

酒庄地址：宁夏银川市西夏区镇北堡昊苑村西拉路

联系电话：18095175157

酿酒师：路吉胜

路吉胜从事酿酒22年，是国家高级农艺师。从葡萄栽培与种植管理到酿酒，实践中探索到葡萄在各个时期的生长的习性，及时调整每年的发酵工艺及温度控制，使每一瓶酒能真正体现出它的风土特性及特点。路吉胜偏爱旧世界国家葡萄酒的风格，多年来致力于酿造更加内敛、细致且自然的葡萄酒。在酿酒过程中，尽量不下胶、不冷冻、不过滤，并追求符合绿色环保规范标准的种植和酿造模式。

葡萄园介绍

宝实酒庄葡萄园建于2011年，总计65亩，海拔1125米，年产葡萄30吨。葡萄园栽培有赤霞珠、美乐、马瑟兰3个品种，每亩仅定植190株优质脱毒葡萄苗木，限产500~600千克/亩，采用“厂字形”整形，确保每一株酿酒葡萄果穗处于同一小气候，有利于葡萄果实风味物质、花青素等有效成分的形成与积累。全园配备水肥一体系化滴灌系统，确保每个酿酒葡萄品种按照其需水、需肥规律得到精准水肥管理，降低生产成本，为生产优质葡萄酒奠定原料基础。

推荐酒款

① 宝实颂之2017　　评分：★★☆

酒评：带有糖渍红果、山楂糕、肉桂香料和些许煮香叶的味道。入口有明显的甜感，单宁柔软，余韵软熟、简单。门槛不高。已经成熟、宜饮，应在2025年前开瓶饮用。

② 宝实知之马瑟兰2019　　评分：★★☆

酒评：一款厚重、甜美的马瑟兰，带有黑樱桃、黑莓、石墨和甜香料和碎花的风味。口中饱满，果味具有甜感，单宁结构庞大，但不事雕琢。略显甜腻，缺乏酸度。最好在2025年内饮用。

③ 宝实颂之赤霞珠2018　　评分：★★☆

酒评：一款完全熟化的赤霞珠，带有肉桂、话梅、糖浆、皮革和泥土风味。入口带有比较明显的甜感，酒体中等偏重，单宁仍然紧凑，不过有过分萃取之嫌。回味较长，但略有灼热和甜腻感。已经成熟，很快将迈入衰退期。应在最近一年内开瓶饮用。

2.10 铖铖酒庄

CHENG CHENG WINERY

铖铖酒庄成立于2008年，前期酒庄有较高的活跃度，曾由廖晓燕带领的克洛维斯专业酿酒技术团队（CLOVITIS LIM-ITED - OENOTEAM）作顾问，品质在产区内外得到了一定认可。后期酒庄宣传频次减弱，此次送样品鉴产品都是较老年份的，演化速度较快。我们期待酒庄推出新产品。

庄主：张铖

销售负责人：张翔

E-mail：2928793787@qq.com

酒庄地址：宁夏银川市西夏区镇北堡镇昊苑村48号

联系电话：18995468888

酿酒师：张铖

张铖毕业于西北农林科技大学，铖铖酒庄庄主兼酿酒师，是宁夏最年轻的庄主兼酿酒师之一。游历过世界众多知名产区后，张铖在自己的酒庄参与酿造工作，对葡萄酒充满热情。除了葡萄酒外，作为年轻企业家， 张铖也涉足服装、餐饮等领域。

葡萄园介绍

铖铖酒庄葡萄园建于2007年，总计100亩，栽培有赤霞珠、美乐2个品种，年产葡萄30吨，葡萄园海拔1000米，土壤中富含砾石，土质疏松透气，为葡萄生长提供良好条件。

2.11 蓝赛酒庄 LANSAI WINERY

蓝赛酒庄成立于2014年，其建筑采用山西大院风格的砖瓦仿古样式，气派而优雅。酒庄将贺兰山石材文化和中国传统的建筑风格融合，并将砖雕和磁雕艺术运用其中，使其风格独特，在宁夏酒庄群建筑里独树一帜。近年来，酒庄致力于提升葡萄酒质量，知名度稳步提高，市场活跃度也较高，是近期炙手可热的酒庄之一。在酿酒顾问邓钟翔的尽心指导下，酒庄产品质量优异。酒庄葡萄酒风格相对内敛、典雅，其波尔多品种的葡萄酒略显“旧世界”红酒韵味。

庄主：吴志朋

销售负责人：余晓佳

E-mail：lansaijiuzhuang@163.com

酒庄地址：宁夏银川市西夏区镇北堡镇昊苑村

联系电话：15709515111

酿酒师：吴志朋

吴志朋于2012年毕业于酒店管理专业，来到宁夏，入职蓝赛酒庄，入职初期就参与酒庄筹建，并在2015年获得WSET2级品酒师证，多年来和国内外酿酒师学习酿酒技术并担任酒庄酿酒师、种植师。2020年入学宁夏葡萄酒学院继续深造。

葡萄园介绍

蓝赛酒庄葡萄园建于2009年，总计205亩，主要栽培赤霞珠、霞多丽、黑比诺、马瑟兰、美乐5个品种，年产葡萄40吨。蓝赛酒庄的葡萄园全部人工采摘，土壤多沙土、黏土，生产的葡萄酒更加细致、典雅。

推荐酒款

①余茉莉2020　　评分：★★★☆

酒评：较浓郁丰富的赤霞珠，但不失细腻。香气带有黑色浆果、一丝咖啡和大量的甜香料，配以烤橄榄和雪松的味道。在中等至饱满的口感上有很好的单宁，充满了多汁、成熟而略显甜美的浆果味道。单宁新鲜顺滑，有细颗粒感。回味持久。适合现在到未来的4年内饮用。

②蓝赛盈川红2020　　评分：★★★☆

酒评：淡淡的野味伴随着潮湿的深色泥土的香气，随后发散的新鲜的覆盆子、野草莓、白胡椒和苔藓的香气弥漫开来。入口细腻丝滑，能够感受到唇齿间留有的馥郁果香。具有黑比诺的轻盈感，这在宁夏实属不易，值得称赞。适合现在到未来的两年内饮用。

③ 赛龙藤霞多丽2019

评分：★★★

酒评：新鲜的苹果、酒泥和淡淡的奶油香气。酒体偏薄，但具有很好的爽脆感和优雅、清爽的风味，隐约有一点咸感。余味优雅，但有一定长度。非常易饮。适合现在饮用，最好在2025年前开瓶。

④ 蓝赛墨研赤霞珠2019

评分：★★★

酒评：山楂、蔓越莓和草莓的红色果味。口感略显酸甜，好在有多汁而明亮的果味。酒体中等，风味相对简单，回味以甜美的果味主导。适合即饮。

2.12 和誉国际葡萄酒庄

HEYU ESTATE

和誉国际葡萄酒庄成立于2013年，母公司和誉集团同时涉猎矿业、地产开发等多项业务。葡萄酒庄设备齐全，酒庄近年来在葡萄酒质量和产品布局上开始发力。2022年，酒庄聘请邓钟翔为酿酒顾问，其为酒庄酿造的产品荣获多项大奖，品质不俗。威代尔是其特色产品，在宁夏并不多见，威代尔的干白则更加稀少。此次品鉴中，除了威代尔，马瑟兰也是酒庄表现优异的酒款之一。我们期待酒庄在产品升级方面能够走得更远。

庄主：孙云聪
销售负责人：蒋笑娱
E-mail：996270934@qq.com
酒庄地址：宁夏银川市西夏区镇北堡镇昊苑村云山路
联系电话：18709600952

酿酒师：邓钟翔

邓钟翔毕业于法国勃艮第大学葡萄酒学院，取得法国国家酿酒师文凭（Diplôme National d'Œnologue），成为法国酿酒师联盟成员。留法期间，在波尔多二级庄力士金酒庄(Chateau Lascombes)，勃艮第隆布莱酒庄(Domaine des Lambrays)和文森乔丹酒庄(Domaine de Vincent Girardin)实习及工作。如今，邓钟翔已经成为宁夏业内知名的年轻酿酒顾问以及宁夏酒域酩匠葡萄酒有限公司联合创始人。他目前为7家酒庄顾问，其中不乏宁夏逐渐成长的名酒庄，包括蓝赛酒庄、容园美酒庄、夏木酒庄、海悦仁和酒庄、联合农科丹麓酒庄、贺兰芳华酒庄及和誉新秦中酒庄，所酿酒款数次入选James Suckling“中国十大葡萄酒”，在国际大赛上获得金奖近百枚。

葡萄园介绍

和誉酒庄葡萄园海拔1200米，土壤来自经过几亿年风雨形成的砂石与泥土混合洪积扇冲积平原，土壤石砾与灰钙土大约各占50%，含有丰富的矿物质，通透性好，年日照时间约3000小时，昼夜温差10~16 ℃，年降雨量通常在150~200毫米。葡萄园总种植面积325亩，其中，赤霞珠250亩、美乐10亩、威代尔45亩、马瑟兰10亩、鲜食葡萄10亩。全园采用传统与现代机械相结合的管理模式，施加有机肥。引进以色列滴管系统，让葡萄充分吸收水分。

推荐酒款

① 和誉马瑟兰干红葡萄酒2020

评分：★★★☆

酒评：艳丽的深紫红色。香气浓郁、黑色果和木桶带来的咖啡、香草风味逐渐融合，但还略带烘烤的木质气息。口中风味多汁，单宁紧

致而有结构。浓郁的同时，不乏新鲜感。回味中长。在未来1~3年内开瓶最佳。

② 和誉乐水威代尔干白2021

评分：★★★☆

酒评：清新而略显中性的香气，带有一些青苹果片、梨和石头的风味。口感明亮，酸度高，为白杏提供了大量的新鲜感。新鲜而优雅。适合现在饮用。

③ 和誉兰山干红2017　　评分：★★★☆

酒评：香气迷人，黑色果味之上是精致的可可粉、些许奶油及雪茄盒的香气。单宁紧致但也丝滑，具有小颗粒带来的粉状感。余味较长。目前宜饮，最好在2027年前开瓶。

④ 和誉珍藏赤霞珠2019　　评分：★★★

酒评：浓郁成熟的烤樱桃、香料和烘烤草本的香气。口感饱满、多汁，具有分量。单宁颗粒感明显。收尾时略显干涩，但有很不错的余味长度。适合在2024年饮用。

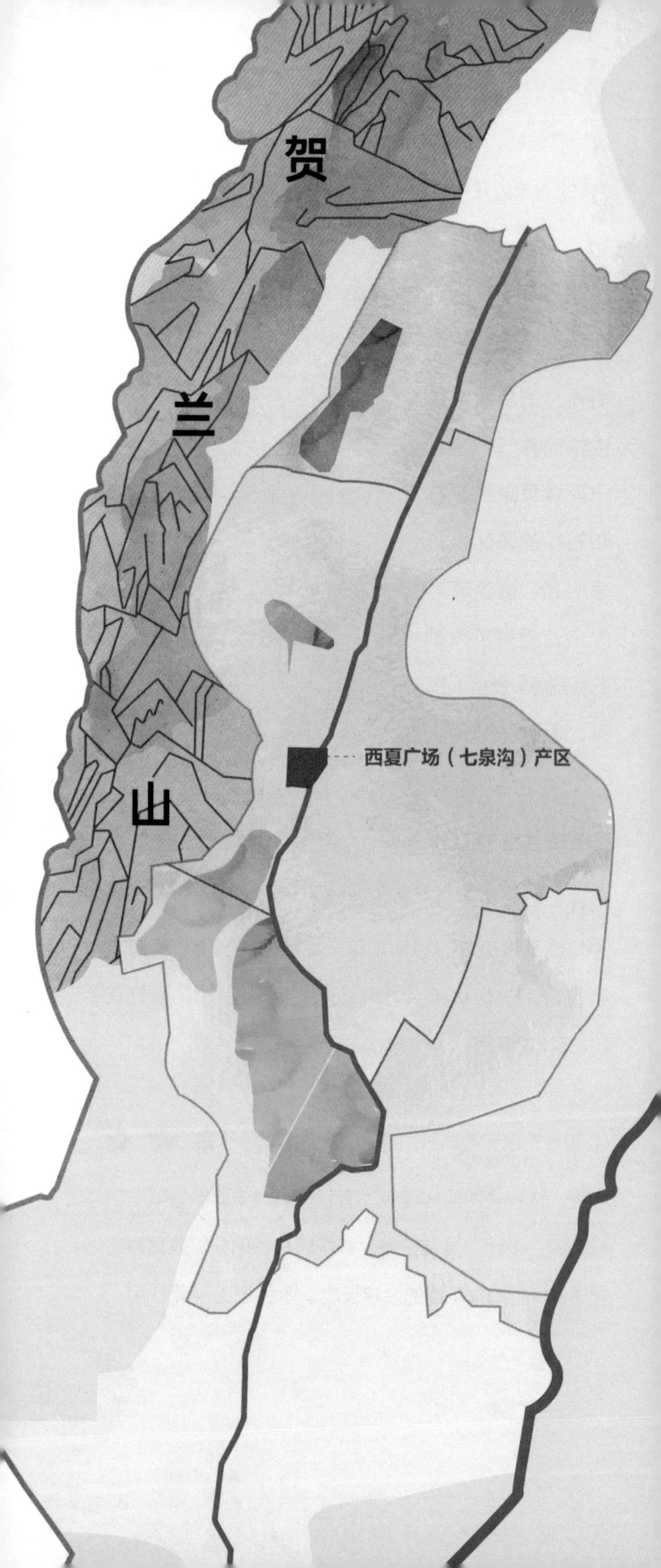

贺
兰
山
西夏广场（七泉沟）产区

3

西夏广场（七泉沟）产区

8家

3.1 米擒酒庄

CHATEAU MIQIN

米擒酒庄由澳海集团控股，公司在宁夏有地产和文旅项目，酒庄位于公司旗下西夏风情园景区内。酒庄投资不菲，设施齐全，酿酒师团队几经更迭，酒庄酿酒风格已逐渐趋于稳定，风格产品目前多用于集团内部使用，市场能见度一般，但是部分产品质量较高，比如米擒特别珍藏干红2019，值得推荐。

庄主：郑小龙

销售负责人：郑小龙

E-mail：miqinjiuzhuang@163.com

酒庄地址：宁夏银川市西夏区北京西路1496号

联系电话：0951-3877877

酿酒师：刘行知

刘行知是国家一级酿酒师、品酒师。1997年从北京轻工业学院（现北京工商大学）生物化工专业毕业后，20多年来一直从事与葡萄酒相关的工作，眼光独到的他看中了宁夏葡萄酒未来的发展潜力，于2017年加入米擒酒庄。

葡萄园介绍

米擒酒庄葡萄园建于2011年，总计800亩，栽培有赤霞珠、马尔贝克、马瑟兰、美乐、西拉等多个葡萄品种，盛果期产量控制在300~400千克。

推荐酒款

① 米擒特别珍藏干红2019

评分：★★★☆

酒评：丁香、烤橄榄与成熟的黑醋栗和巧克力的香气。口感多汁而紧实，中等至饱满的酒体被紧实而有嚼劲的单宁紧密包裹。回味较长。适合现在饮用，最好在2026年前开瓶。

② 米擒橡木桶珍藏2019

评分：

酒评：非常浓郁且甜美的风格，果酱感明显，略显甜腻。带有水果干、咖啡豆、湿树叶和香料的味道。口感饱满而柔软。需要更多的新鲜感和活力。推荐给喜好浓郁口味的爱好者。适合现在饮用。

3.2 九月兰山酒庄

SEPTEMBER HELAN

九月兰山酒庄由高玉蕊、高玉洁的父母创立。后来他们的两个女儿改学葡萄酒专业，经历一段时间的摸索发展，姐妹两人接手葡萄酒酿造和销售工作。由于两人受过葡萄酒专业训练，并且勇于创新，加上丰富的实践经验，如今她们使酒庄酒质及市场占有率提升迅速。2022年的九月兰山小维尔多在此次盲品品鉴中表现令人印象深刻。我们期待酒庄能够在未来酿造出更多优质、有趣、有个性的葡萄酒。

庄主：高玉蕊

销售负责人：高玉蕊

E-mail：48581092@qq.com

酒庄地址：宁夏银川市西夏区西夏广场西侧800米

联系电话：13709594665

酿酒师：高玉洁

高玉洁硕士毕业于宁夏大学葡萄酒专业，国家一级品酒师，WSET3级，2014年开始担任九月兰山酒庄酿酒师，对葡萄酒充满热情，工作认真细致，家族式酒庄给予了酿酒师更多发挥空间，在不断提高整体葡萄酒品质的基础上，一直努力做出既可以表达风土又好喝、有趣的酒款。

葡萄园介绍

九月兰山酒庄葡萄园建于2009年，总计400亩，栽培有赤霞珠、美乐、蛇龙珠、西拉、马瑟兰、小维尔多、霞多丽7个品种，年产葡萄150吨，葡萄园海拔1150米。

推荐酒款

①九月兰山小维尔多2022　评分：★★★★

酒评：深紫红色。富有表现力的香气，在新鲜的黑莓、桑葚和一丝石墨和柠檬柑橘中带有一丝甜的香料和咖啡。口感紧凑，颗粒细腻，酒体饱满，单宁结构良好。味道丰富，结尾处有不错的抓口感，但不过于生涩。最好在未来1~4年饮用。

②九月兰山霞多丽干白 2020　评分：★★★

酒评：一款具有很活跃酸度的霞多丽。带有些许酸奶、

酸奶油、烤面包和淡淡柠檬的柑橘类果味。新鲜度充足、易饮，如果有更好的风味集中度则会有质的改变。适合即饮，最好在2025年前饮用。

③ 九月兰山蛇龙珠2016

评分：★★★

酒评：果味浓郁而过熟，带有烤樱桃、发酵的葡萄皮和一丝白胡椒和紫罗兰的风味。口中蛇龙珠的特点明显，带有不少干草药、胡椒的风味。单宁较细致，酒体中等，有一定的线性感。仍然在发展中，现在已经非常适合饮用，尽量在2025年前开瓶。

④ 九月兰山橙酒霞多丽 2021

评分：★★☆

酒评：这款酒呈现较为浑浊的深橘黄色。初闻带有树脂气味，随后发展为哈密瓜和木瓜的气息。口感干冽，有一定的单宁结构感，酸爽，但风味略逊色。酒体中等偏饱满。挥发性较强。适合现在饮用。

3.3 张裕龙谕酒庄 LONGYU ESTATE

宁夏张裕龙谕酒庄建于2010年，前身是张裕摩塞尔十五世酒庄，由烟台张裕酿酒股份有限公司投资建设，主体建筑呈拜占庭风格，建筑面积1.3万平方米，是张裕旗下的大型高端酒庄酒品牌。酒庄是国家AAAA级旅游景区，每年吸引不少游客参观。龙谕产品质量不俗，风格浓郁、甜美、厚重，质量也越来越稳定，但价格也相对较高。

庄主：矫红伟
销售负责人：矫红伟
E-mail：778579398@qq.com
酒庄地址：宁夏银川市西夏区六盘山路359号
联系电话：17752400883

酿酒师：姜文广

姜文广，山东荣成人，硕士，高级工程师。2008年毕业于江南大学发酵工程专业，国家一级品酒师，中国酒业协会葡萄酒国家评酒委员。自参加工作以来，先后在烟台张裕卡斯特酒庄技术中心、张裕葡萄酒研发制造有限公司、张裕葡萄酒分公司、宁夏张裕龙谕酒庄等任职，主要从事葡萄酒技术、质量及生产管理等工作。先后赴意大利、智利、澳大利亚等国家考察、学习，每年葡萄收获季赴山东烟台、宁夏、新疆等产区负责或参与葡萄酒发酵工作，积累了丰富的葡萄酒酿造及研发经验。坚持技术创新推动产品品质提升，参与或承担国家、省、市级葡萄酒技术研发项目10余项。现任宁夏张裕龙谕酒庄副经理，首席酿酒师。

葡萄园介绍

宁夏张裕龙谕酒庄葡萄园建于2006年，其中葡萄园1000亩。酒庄专属葡萄园5000亩，栽培有赤霞珠、贵人香等5个品种，年葡萄酒生产能力2000～3000吨。

推荐酒款

① 龙谕酒庄龙12赤霞珠干红2020

评分：★★★

酒评：浓郁、丰富的黑醋栗、可可粉的风味掺杂着胡椒、八角和松针的气息。口感丰富而集中，酒体饱满浓缩。结构庞大、萃取痕迹明显，木桶带来的单宁在收尾时显得涩口。目前或许有些年轻，2024年再来尝试。

② 龙谕赤霞珠干白2022　　评分：★★★

酒评：非常淡的粉铜色或白洋葱皮调。略显中性的香气带有梨、苹果、绿李子、玫瑰和红樱桃核的气息。口感清新，酸度中等，口感偏饱满，也略显肥硕，带有一些酚类物质的咀嚼感，但具备不错的平衡性和个性。赤霞珠酿制的白葡萄酒。适合现在饮用。最好在2025年前开瓶。

③ 龙谕酒庄龙9赤霞珠干红2020

评分：★★★

酒评：木炭、黑橄榄、香草、白胡椒和黑巧克力的香味，还有一些肉干的味道。果味丰富且相当甜美，充满了黑莓浆果味道。单宁紧实。余味悠长，但以橡木甜香主导，并带有果酱感，略显老派。已经开始演化，适合现在饮用。

3.4 源点酒庄

CHATEAU YUANDIAN

宁夏源点酒庄建于2019年，创始人前期在银广厦集团有限公司工作，深耕于葡萄酒行业多年。酒庄面积不大，设计偏现代风格，葡萄酒产量虽不多，但产品创新大胆，紧随时代潮流。其自然酒和橙酒是酒庄的一大特色，可持续的种植、栽培和减少干预的酿酒理念渗入到酒庄的每款酒中，这具体包括尽可能减少添加辅料、尽量不添加硫化物、使用多样的发酵和陈酿设备、减少萃取力度、不过滤等。

庄主：姜澄

销售负责人：汪晓林

E-mail：thestartingpoint@126.com

酒庄地址：宁夏银川市金凤区国营银川林场
　　　　　植兴公路北侧

联系电话：0951-5966771

酿酒师：谢亚玲

谢亚玲毕业于西北农林科技大学葡萄与葡萄酒专业专科和园林专业本科并获得园林方向学士学位。谢亚玲一贯坚持的酿酒理念是“做酒如做人，品醇贵精心”。源点酒庄的管理理念是“推崇自然，减少干预，酿造精品自然酒”，理念一致是他们合作酿造源点品牌葡萄酒的基础。

葡萄园介绍

宁夏源点酒庄葡萄园建于1997年，是由法国进口葡萄枝条育种距今20多年的老藤葡萄园。同时为获得最优质的葡萄原料，酒庄先后从上千亩葡萄园中甄选出200亩园区，秉持减少人工干预、尊重自然、让万物和谐共生的理念，参考自然农法精心耕作，栽培的主要品种有赤霞珠、品丽珠、雷司令3个品种，还有少量美乐、西拉、贵人香、维欧尼。年产葡萄40吨左右，葡萄园位于贺兰山东麓1000米以上的高海拔地区，沙质土，由河流冲刷而成，夹带着贺兰山冲击而来的小砾石，具有良好的透水性。

推荐酒款

① 雷司令干白2019　　评分：★★★

酒评：第一瓶葡萄酒受到软木塞污染，以下为第二瓶的盲品记录。这款酒散发出金属和明显的煤油的香气，也伴有绵羊油的气息。入口有明显的坚果味。口中酸度略显突兀，但风味集中度稍逊。适合即饮，最好在2025年前开瓶。

②源点自然酒NV　　　　评分：★★☆

酒评：一丝蚝油和酱油般的咸鲜味、碎石和木炭的气息给其果味赋予了一定个性，但缺乏纯净感。口感呈现出甜美的樱桃和一些巴萨米克陈醋的风味，单宁砂质感明显，收尾略显苦涩、生硬，带有绿色草本的风味。收尾略有灼热感。适合现在饮用，最好在2024年前开瓶。未过滤、未添加二氧化硫。

3.5 贺兰晴雪酒庄
HELAN QINGXUE VINEYARD

宁夏贺兰晴雪酒庄创立于2005年，酒庄的三个创始人，容健先生、王奉玉先生和张静女士分别从事酒庄的经营管理、葡萄园的栽培和葡萄酒的酿造工作。酒庄酿酒顾问由国际十大葡萄酒顾问之一的李德美先生担任。2011年加贝兰特别珍藏2009获得DECANTER世界葡萄酒大赛国际最高大奖【表区域最佳的白金奖和赛事最优（Best in Show）】，改变了人们对中国葡萄酒的看法和认识，也让大家认识到宁夏能出顶级葡萄酒。世界从这里认识了宁夏贺兰山东麓产区。贺兰晴雪酒庄的成功对宁夏乃至中国葡萄酒都是具有里程碑意义的。如今，贺兰晴雪仍然是一个朴素而有温度的酒庄，也是产区名庄。此次品鉴中，酒庄的2019年份的马尔贝克让我们刮目相看。

庄主：容健、王奉玉、张静

销售负责人：张静

E-mail：2928793787@qq.com

酒庄地址：宁夏银川市西夏区西夏广场北侧200米

联系电话：0951-5023809

酿酒师：张静

张静是宁夏贺兰晴雪酒庄创始人之一，现任总经理兼首席酿酒师、国家一级酿酒师和中国葡萄酒技术委员会委员。曾在法国、美国、澳大利亚等国学习、培训或担任客座酿酒师，自2005年起主持贺兰晴雪酒庄酿酒工作至今。2011年加贝兰在英国品醇客世界葡萄酒大赛DWWA中获得最高奖项，宁夏葡萄酒从此在世界上崭露头角。张静将其个性中精致细腻的特点，以及对完美的追求，融入了葡萄酒的酿造，其每一款作品均具有鲜明特征：果香新鲜、丰富而含蓄、平衡协调而有个性，并不一味追求重酒体和浓缩度。其葡萄酒单宁通常宽广而精细，柔美易饮，却不失深邃和复杂。

葡萄园介绍

目前葡萄园种植优质酿酒葡萄350亩。其中有赤霞珠200亩，美乐80亩，霞多丽20亩，以及马尔贝克、马瑟兰等品种。

推荐酒款

① 贺兰晴雪小脚丫马尔贝克 2019

评分：★★★★☆

酒评：非常年轻的一款酒。带有黑樱桃、蓝莓、紫罗兰和一丝石墨和香料的味道。精细的矿物质和可可粉带来了更多的复杂性和活力。口感新鲜、饱满，余味悠长而集中。单宁丝滑、紧凑而新鲜。品质杰出，风格诱人。宜饮宜藏。最好在2028年前开瓶。

② 贺兰晴雪珍藏2017　　评分：

酒评：甜香料、淡淡的咖啡和熟化的李子和烤红椒的气息。一丝甜烟丝和辣椒巧克力的风味。口中酒体中等偏饱满，单宁紧致，具有不错的回味。适合即饮，最好在2026年前饮用。

③ 贺兰晴雪加贝兰霞多丽2021

评分：★★★☆

酒评：香气较为芬芳、新鲜而优雅。具有柠檬、杨桃、苹果等核果及酒泥的气息。入口新鲜，但也略显甜美。新鲜的中等酸度给予其一定的爽脆感。酒体中等，回味干净，长度中等，但酒精感略明显。适合即饮，最好在2026年前饮用。

④ 贺兰晴雪加贝兰珍藏霞多丽2021

评分：★★★

酒评：香气优雅而收敛，带有淡淡的黄油、奶油味，有一些咸杏仁、柠檬和精细的酒泥和酵母的风味。中等至饱满的酒体，余味中等偏长，带有细致的奶油感。较为出色的平衡感。适合现在饮用，最好在2026年前开瓶。

⑤ 贺兰晴雪加贝兰桃红2021

评分：★★★

酒评：闻起来有新鲜的葡萄柚、樱桃和一些碎石的气息。入口能感受到细微的甜感，有一些残糖，好在口中也有不错的酸度，带来一定爽脆感。如果残糖能更少，这款桃红可能会有更真实、优雅的表现。尽快饮用为宜。

⑥ 贺兰晴雪加贝兰干红2018

评分：★★☆

酒评：具有些许熟化的香气，带有淡淡的泥土、李子、香料和红樱桃的果味。风味并不浓郁，相比之下更优雅些。紧凑的单宁覆盖在口腔两侧，给这款酒带来些许嚼劲，但果味略弱。该酒目前宜饮，最好在2026年前开瓶。

3.6 迦南美地酒庄
KANAAN WINERY

迦南美地酒庄位于银川市区北京路尽头，紧邻贺兰晴雪酒庄，创始人王方，其父王奉玉先生也是邻居酒庄贺兰晴雪酒庄的创始人之一。经历短短几年时间，酒庄出产的葡萄酒就赢得了世界赞誉，以卓越品质获得各大奖项，王方因酿酒大胆，敢于打破陈规，被业界称为“Crazy Fang 魔方”。酒庄名称意为流着奶和蜜的地方，被誉为“希望之乡”，也寄予了庄主对这片葡萄园的期望。产品主要由美夏代理，也是产区最知名的酒庄之一。在此次盲品评选中，酒庄2016迦南美地黑骏马表现抢眼，夺得高分。

庄主：王方

销售负责人：王兆玥

E-mail：wmm@kanaanchina.com

酒庄地址：宁夏银川市西夏区北京西路西夏广场北侧

联系电话：0951-3916299

酿酒师：周淑珍

宁夏知名酿酒顾问周淑珍女士作为独立酿酒师的出现首先打破了贺兰山东麓产区酒庄专属酿酒师的规则，通过酿酒师个人的经验和能力，为多个不同的酒庄服务，首先就能解决产区酿造人才缺失的问题。无论是从酒庄还是酿酒师的角度，这都是双赢选择。一方面为酒庄减少成本开支，二也为酿酒师不断地累积经验，开阔视野。2014年，周淑珍在宁夏保乐力加（贺兰山）工作，开始走自己的独立酿酒师的道路。作为宁夏酿酒顾问的先驱，周淑珍目前为7家酒庄提供技术指导，而迦南美地是其中极有影响力的一家酒庄。

葡萄园介绍

葡萄园位于宁夏银川市，海拔为1062米，占地面积252亩。棚架系统采用单竖线，砧木为自生藤，土壤类型为黏土。灌溉方式选用了漫灌和滴灌，由于干燥且寒冷，像所有银川产区葡萄园一样，整个冬天（11月至4月）所有的葡萄藤都必须埋土。酒庄年龄较老的葡萄园架形保留了不少独龙干。

推荐酒款

① 迦南美地黑骏马2016 评分：★★★★☆

酒评：一款相当杰出的赤霞珠美乐混酿。果味饱满且具有“光泽”，带有黑莓、樱桃、雪茄盒和一些黑巧克力气息。橡木桶融合度极高，略显甜美而厚重。一丝熟化香气和风味使其更加复杂、馥郁。酒体饱满，单宁细致，回味很长。适合即饮，最好在2028年前饮用。

② 迦南美地魔方2016　　评分：

酒评：复杂而又层次丰富的香气。在黑加仑、蓝莓和甜烟叶中带有精细的牛奶巧克力、雪松和烟草的味道，这得益于优质的木桶和良好的果味。单宁紧致，口感上呈现出较为明显的高酸，带来多汁的口感和一定活力。回味细致、丝滑而悠长。现在适饮，也能在未来5年内饮用。

③ 迦南美地雷司令2021

评分：★★★☆

酒评：香气迷人，初闻带有白垩感和坚果香，随后有油桃和桃脯的香气。入口呈现出的干爽的矿质口感，酒体和酸度中等，风味清新，余味顺滑、新鲜。后味有轻微的灼热感。目前处于适饮期，适合目前到未来两年内饮用。

④ 迦南美地小马驹2019

评分：★★★☆

酒评：烤香料和鲜美的樱桃和李子香气。入口能感受到紧致的单宁在唇齿间铺开，酒体中等偏饱满，砂质单宁一直延续到余味，具有很好的收敛感。目前适饮，也可以在未来3年内饮用。

⑤ 迦南美地小野马2020

评分：★★★☆

酒评：肉质的香料、黑橄榄和甜美的黑加仑、黑樱桃的果味一直延续到中等至饱满的口中，砂质、颗粒感的单宁和果味逐渐融合。余味新鲜，有一定长度。非常平衡。适合现在到未来的3年内饮用。

⑥ 迦南美地馥司令半甜白葡萄酒2021

评分：★★★

酒评：淡淡的柠檬色泽。香气清新，有一些甜柠檬、蜜橘、青苹果、杏和香梨气息。口感清甜、中等偏高的酸度显得新鲜，只是余味略显清淡、短暂。收尾略有灼热感。建议现在饮用，最好在2026年前开瓶。

3.7 金弗兰酒庄 CHATEAU JINFULAN

金弗兰酒庄建于2013年，是由宁夏建设规划领域的专家高万荣投资建设，酒庄位于宁夏贺兰山东麓、西夏广场北3千米处，占地300余亩。酒庄坚持采用重力法－整粒发酵工艺。鉴于酒庄建成后一段时间内未取得生产许可证，导致酒庄一直未对外宣传，但是产品质量值得被重视，金弗兰圣威兰赤霞珠干红葡萄酒便很好地证明了其品质和实力。目前酒庄已取得所需资质，正在加大宣传力度并积极参加各种展会。

庄主：高万荣

销售负责人：董韶亮

酒庄地址：宁夏银川市西夏区沿山公路套门沟
宁夏贺兰山农牧场九队

联系电话：18395189919

酿酒师：Yann Olivier

法国农业工程师、品酒师，毕业于波尔多国家农业大学，一直以来致力于葡萄酒酿酒行业的发展和研究，在奥利威先生25年的酿酒生涯中，他曾先后在法国一级名庄拉图城堡（Chateau Latour）、梅多克名庄奥康贝洛城堡（Chateau Haut Canteloup）、梅多克中级庄福卡斯·鲁巴内城堡（Chateau Fourcas Loubaney）从事酿酒工作，并曾与“飞行酿酒师”米歇尔·罗兰先生共事过5年。

葡萄园介绍

金弗兰酒庄葡萄园建于2000年，总计250余亩，土壤为砂砾土和灰钙土，种植的酿酒葡萄品种主要为赤霞珠、美乐、马瑟兰和蛇龙珠。

推荐酒款

① 金弗兰圣威兰赤霞珠干红葡萄酒2019

评分：★★★☆

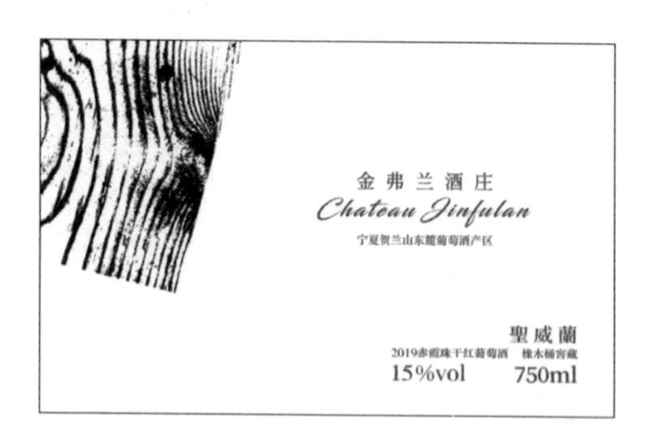

酒评：浓郁、新鲜的黑樱桃气息夹杂着孜然、豆沙、白胡椒和百里香的香料和一丝可可粉。口感细腻，单宁丝滑，新鲜的酸度和精致的黑加仑叶为饱满的口感带来不错的新鲜感。最好在2027年前开瓶。

② 金弗兰酒庄圣威兰赤霞珠干红葡萄酒2021

评分：★★★

酒评：略带金属的气息，果味以山楂糕和草莓干为主，带有一丝黑巧克力的味道。中等偏饱满的酒体充满具有咀嚼感的单宁。回味收敛性强。适合现在或在未来3年内饮用。

③ 金弗兰圣威兰赤霞珠干红葡萄酒2017

评分：★★★

酒评：浓郁的山楂糕和黑橄榄的气息夹杂着一丝凤尾鱼干和木炭的味道。口感成熟度高，具有果肉感。口感丝滑，有点过熟，回味有酒精的灼热感。现在至未来1~2年内饮用。

3.8 开福酒庄

KAIFU RED WINE-MANOR

开福酒庄是贺兰山下的一个家族式酒庄。在百亩葡萄地里春生秋收，独特的风土气候和劳作的汗水及一家人的欢喜和忧愁，让庄主一家可以在这里酿造成饱含情感的丰收美酒。酒庄建设于2011年，位于北京路末端，离银川市城区非常近。酒庄缺乏应有的营销宣传，产品质量仍有提升的空间。

庄主：樊建忠

销售负责人：樊昊晟

E-mail：1152711036@qq.com

酒庄地址：宁夏银川市西夏区北京西路西夏广场加油站东入口30米处

联系电话：18695103104

酿酒师：樊昊晟

樊建忠与樊昊晟父子中儿子担任酿酒师，父亲负责葡萄树的种植。

葡萄园介绍

开福酒庄葡萄园建于2011年，总计156亩，栽培有赤霞珠、美乐、玫瑰香3个品种，年产葡萄30吨。土壤为黄钙土，土质紧密，土壤保湿性好，为葡萄生长提供良好条件。

推荐酒款

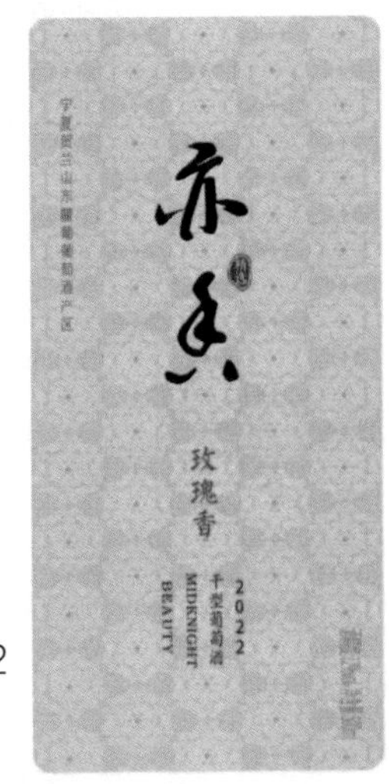

① 开福亦香玫瑰香葡萄酒2022

评分：★★★

酒评：香气芬芳，带有荔枝、樱桃、玫瑰和淡淡的香橙花气息。中等酒体，口感略有单宁结构，酸度活跃，口中的集中度略弱。是一款适合现在饮用的干型桃红。

② 开福亦香风土老树精选2016

评分：★★☆

酒评：胡椒味的香气，黑樱桃果味中带有一些白胡椒、蚝油和木板的味道。口感多汁，单宁具有砂质颗粒感。适合现在到未来的1年内饮用。

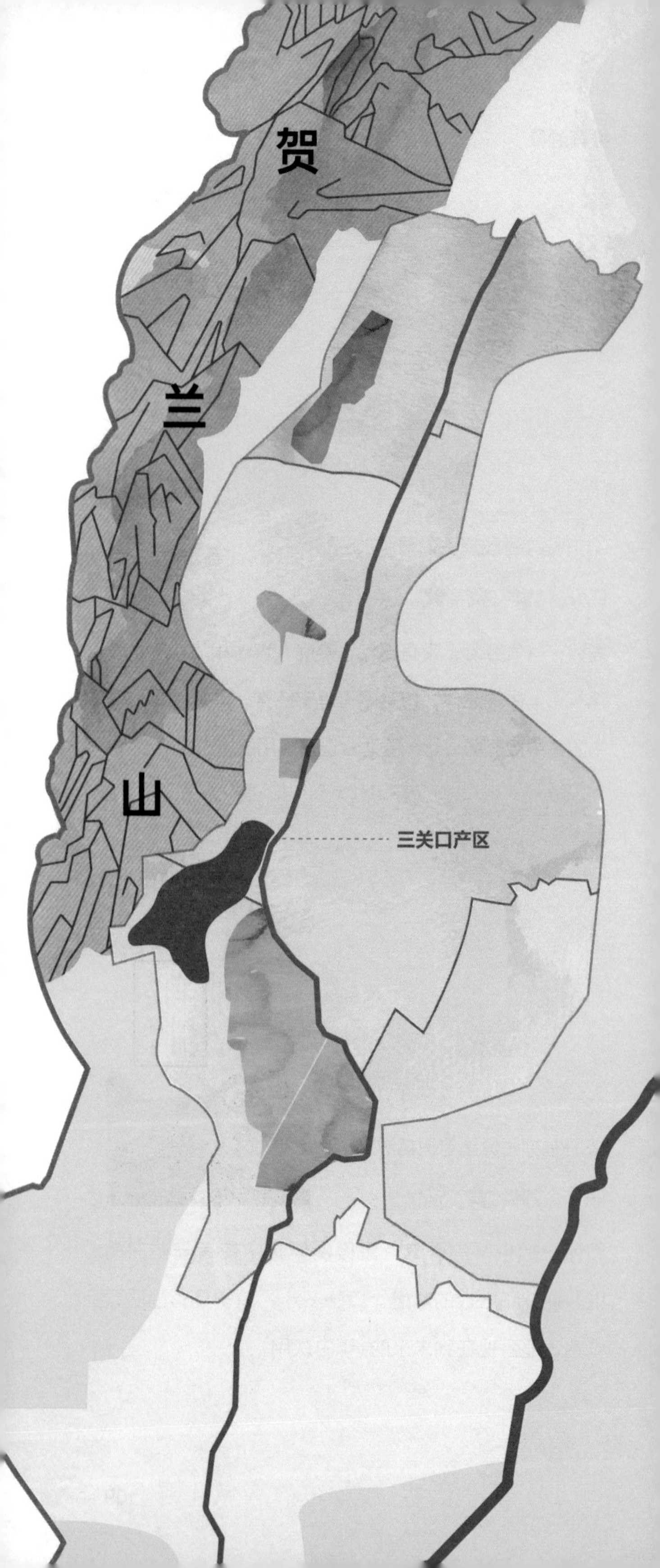

贺
兰
山
三关口产区

4

三关口
产区

2家

4.1 留世酒庄

LEGACY PEAK

留世酒庄成立于2013年，但其葡萄园始于1997年，前期以葡萄种植为主，因其葡萄质量较高，为很多酒庄提供了顶级原料，后来庄主开始自己酿酒，创立了留世酒庄。

1997年，酒庄葡萄园由刘氏家族(留世也与“刘氏”同音)的刘忠敏创立，当时他主要负责贺兰山东麓一带的绿化工程。酒庄初创的几年一直向其他酒庄销售葡萄原料。2011年，刘忠敏决定不再出售葡萄，而是自己酿酒。建立家族酒庄的使命便落在第二代庄主刘海的身上。酒庄及葡萄园坐落在西夏王陵3号陵北侧，是宁夏唯一一个在西夏王陵遗址内的酒庄。酒庄产品由西往东代理，在香港地区由Watson代理。留世的葡萄酒风格浓郁醇厚，果味成熟甜美，精细丝滑的单宁是酒庄葡萄酒的一大特点，这也为留世积累了不少粉丝。在此次品鉴中，留世的2020传承、赤羽和2021霞多丽都表现不俗。

为保证酒品质量，酒庄近些年来开始从酒葡萄种植、酿造、贮存及销售等各个环节，建立全过程跟踪与追溯系统，提高葡萄酒流通中质量安全监管的自动化、信息化和标准化水平，进一步提高葡萄酒的安全保障水平，实现葡萄酒安全可追溯。

庄主：刘海
销售负责人：郭晓恒
E-mail：liushi1246@163.com
酒庄地址：宁夏银川市西夏区西夏王陵景区北侧
联系电话：13519500898

酿酒师：周淑珍

周淑珍女士是中国第一位独立女酿酒师，是宁夏产区具有影响力的酿酒人物。1983年学习葡萄酒酿造，参与了中国第一瓶干红葡萄酒的开发研制。先后担任西夏王化验员、质检科副科长等。2003年任广夏贺兰山葡萄酒公司副总工程师、宁夏保乐力加（贺兰山）葡萄酿酒有限公司酿酒师、总工办主任。2014年，她辞去宁夏保乐力加（贺兰山）工作，开始走自己的独立酿酒师的道路。如今，周淑珍是宁夏炙手可热的酿酒顾问之一，现为迦南美地、留世、嘉地酒园等7家酒庄的酿酒师及顾问，所酿制的葡萄酒获奖颇丰。其酿酒理念重视成熟度和浓郁度，并在此之上致力于提升酒的新鲜感和单宁质量。

葡萄园介绍

留世酒庄的葡萄园总计450亩，其中大约一半种植于1997年，并采用更传统的独龙干架型。目前，酒庄栽培有赤霞珠、霞多丽、美乐、马瑟兰4个品种，年产葡萄100吨。在贺兰山东麓山脚，留世的葡萄园也占据宁夏酒庄的海拔高点——1246米。除了砂土，这里的土壤中壤土含量较高，土质松软。这里的砾石结构也与其他葡萄园不同，多风化形成的板岩。

推荐酒款

① 留世传承 Family Heritage2020

评分：★★★☆

酒评：浓郁、深沉的果味，带有一些牛奶巧克力、肉干、五香香料、醋栗、烟草和烤红椒的气息。口感丰富而集中，单宁丝滑，余味悠长而强烈。一款甜美、享乐而精细的赤霞珠。适合现在或未来3~4年内饮用。

② 留世锦羽霞多丽2021　　评分：★★★☆

酒评：微妙的白杏仁、烤面包、石头和杨桃的香气，还有一丝绿菠萝和酒泥的味道。口感宽厚，风味十足，圆润的中等酒体被新鲜、明亮的酸度所引导，也

具有一定的刺激感。回味悠长。适合现在饮用。

③ 留世赤羽赤霞珠2020　　评分：★★★☆

酒评：牛奶巧克力、黑加仑利口酒、甜烟草的香气。风味成熟、饱满而带有甜美且多汁的果味。回味中等偏长。适合现在饮用，最好在未来3年内开瓶。

④ 留世兰羽马瑟兰2021　　评分：★★★

酒评：朴素而浓重的紫色水果，带有胡椒的香料和紫罗兰的味道。口感柔顺多汁，充满成熟的蓝色和紫色水果。单宁柔和丝滑。口感松软但不失新鲜。较为饱满的重口味风格，但不复杂。适合现在饮用，最好在2026年前开瓶。

⑤ 留世玫羽美乐2020　　评分：★★★

酒评：一些咖啡和橡木桶带来的甜感漂浮在桑葚、黑橄榄和豆豉的香气上。酒体中等偏饱满，单宁丝滑紧致，回味浓郁而多汁。具有不错的长度。现在至未来2年内饮用最佳。

⑥ 留世传奇2018　　评分：★★★

酒评：黑莓、石墨、蚝油、热石、烘烤的甜香料及一丝草本气息。口感多汁、甜美，单宁紧致，也略带颗粒感。回味悠长而新鲜，带有淡淡的植物、浆果风味。赤霞珠和美乐的混酿。适合即饮，最好在2026年前饮用。

4.2 长城天赋酒庄

CHATEAU TERROIR

中粮长城葡萄酒（宁夏）有限公司，是世界500强中粮集团旗下全资企业，于2012年建成。设计产能2万吨，目前达产1.2万吨。主体建筑面积4.3万平方米，其中地下酒窖7000平方米，集科研、种植、酿造、品评、旅游观光、文化体验、餐饮会议于一体。长城天赋酒庄是长城葡萄酒旗下的高端品牌，相比于其他大厂产品其产品拥有很高的性价比。长城天赋的表现在此次盲品中令我们刮目相看，其赤霞珠/丹菲特干红2016和1266赤霞珠干红2019质量优异，价格亲民，是宁夏葡萄酒性价比的典范。

庄主：都振江

销售负责人：宋改玲

E-mail：tianfuwinery@126.com

酒庄地址：宁夏银川市永宁县闽宁镇云漠路1号

联系电话：0951-3935709

酿酒师：商华

商华本科毕业于河北科技大学生物工程系，后又于西北农林科技大学葡萄酒学院获得硕士学位。现为中粮长城葡萄酒（宁夏）有限公司总酿酒师，高级工程师，国家级评酒委员，国家一级酿酒师及品酒师。他长期从事葡萄酒生产酿造工作并多次赴国外产区学习葡萄酒酿造，他将青春与激情奉献给所热爱的葡萄酒行业并坚信“创新永无止境，专注成就品质”。

葡萄园介绍

长城天赋酒庄的酿酒葡萄基地建设在一片无污染、从未开垦的洪积扇荒原上，相较于贺兰山东麓产区其他以沙壤土为主的葡萄基地，这里的土壤中暗藏着更多砾石，土壤中的矿物质含量更为丰富，有利于葡萄根系透气和葡萄果实糖分及风味物质的合成、积累。2010年，长城天赋酒庄在贺兰山种下了第一株葡萄苗，经过近10年的经营，已有5000亩葡萄在此扎下了深深的根系。葡萄园采用深沟浅栽的方式栽培，采用抗盐碱、抗寒、抗旱的砧木嫁接苗繁育技术，栽培有贵人香、霞多丽、丹菲特、美乐、赤霞珠、马瑟兰等世界优质酿酒葡萄品种。其中以赤霞珠的表现为佳，以此为原料酿造的天赋赤霞珠也成了酒庄的“明星”。

推荐酒款

① 长城天赋酒庄赤霞珠/丹菲特干红2016

评分：★★★★

酒评：一款有不错复杂性的葡萄酒，香气已经发展充分。浓郁红色和蓝色果香、黑加仑、甜美的香草、奶油巧克力、烟丝、薄荷和石楠花气息。口中甜美成熟，橡木桶带来了不少风味，但并不突兀。单宁充足、质感较细致，有平衡的酸度和出色的长度。现在已经适饮，最好在2025年前开瓶。

② 长城天赋酒庄1266赤霞珠干红 2019

评分：★★★★

酒评：香气华丽而集中，有精细的木质香料、可可粉和雪松。有一丝松露的味道。口感紧致，有大量较为精细的砂质单宁，一直延续到持久的回味之中。回味略有灼热感，但并不突兀。适合现在或在未来的3年内饮用。

③ 长城天赋酒庄贵人香干白2018

评分：★★☆

酒评：葡萄酒呈现明亮的柠檬黄色。香气偏中性，初闻有淡淡的白色坚果，之后是白色水果的香气。入口轻盈、柔顺，新鲜干净，酸度和酒体中等。余味较短，回味偏寡淡。适合即饮。

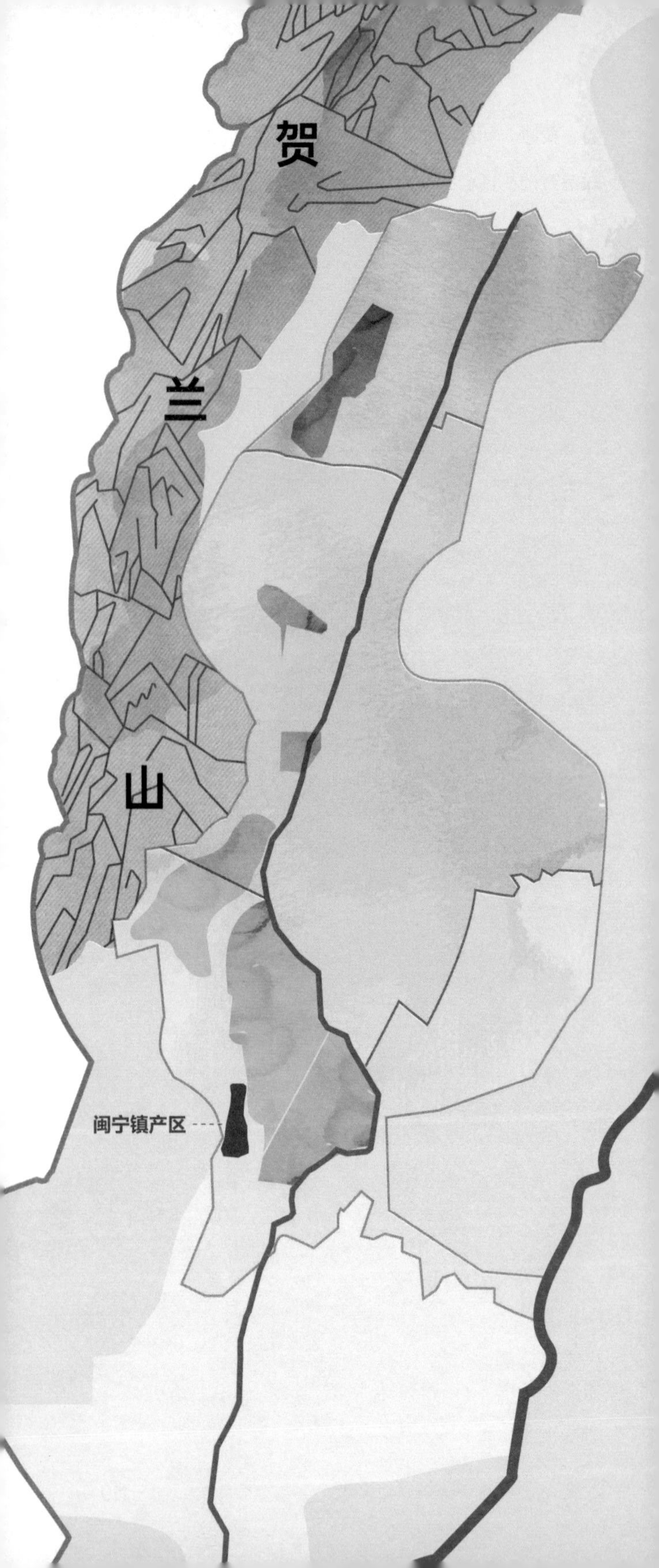
贺
兰
山
闽宁镇产区

5

闽宁镇
产区

2家

5.1 立兰酒庄

LILAN WINERY

宁夏立兰酒庄有限公司建立于2012年，酒庄设备齐全采用传统法手工酿造工艺，拥有重力车间，二层重力入料，首层发酵，下层陈酿，形成了连贯的酿酒体系。立兰酒庄的酿酒理念是尊重自然，心怀敬畏，酿造具有中国风土特色的精品葡萄酒。酒庄也是产区知名酒庄之一。

庄主：左新会
销售负责人：康灏
E-mail：852509704@qq.com
酒庄地址：宁夏银川市永宁县闽宁镇原隆村
联系电话：15709519888

酿酒师：左瀛

左瀛毕业于宁夏大学葡萄酒学院，从2021年前后开始担任酒庄酿酒师。作为酒庄年轻的酿酒师，他正在带领立兰酒庄探索新的可能性。酒庄也聘请了中国农业大学教授黄卫东作为顾问。

葡萄园介绍

立兰酒庄葡萄园建于2012年，总计1600亩，主要栽培有赤霞珠、美乐、马瑟兰、西拉、霞多丽5个品种，年产葡萄280吨。立兰酒庄葡萄园占据着贺兰山脚下的理想缓坡，充满钙质的砂砾石土壤带给葡萄酒强劲的酒体和馥郁的果香，为葡萄生长提供良好条件。

推荐酒款

①立兰览翠月光白霞多丽2020　评分：★★★

酒评：一款香气芬芳的霞多丽，带有花香、油桃和白杏的果味。口感优雅而明亮，中段风味略显中性，余味干净而简洁。适合现在饮用。

②立兰贺兰石美乐2016　评分：★★★

酒评：砖红色色调。一款已经具有陈酿风味的美乐。初闻有淡淡的树脂香，随后梅干、樱桃的香气弥漫开来，也有烘烤香料和燧石的香气。口感醇熟，单宁呈砂质感。该酒目前处于适饮期，在2025年前开瓶为宜。

③立兰览翠一级园2018　评分：★★★

酒评：香气以烤料香、成熟的浆果、李子和干橘皮为主。酒体中等偏饱满，单宁紧致，回味能感受到单宁的颗粒感和果甜。目前宜饮，应在2026年前开瓶。

④ 立兰酒庄览翠特级园2016

评分：★★★

酒评：一款熟化得很好的葡萄酒，香气略带泥土和皮革的气息，以及牛肝菌和些许干树皮气息。但黑莓果味仍然比较充足。口感饱满、浓郁，风味醇厚但也有不错的新鲜度。单宁庞大，在结尾具有较为粗糙的抓口感。适合即饮，最好在2026年前饮用。

⑤ 立兰酒庄山水2017

评分：★★★

酒评：已经完全熟化。具有煮熟的植物、树叶气息和成熟的樱桃、焦糖、泥土和大黄的气息。口中植物香气较为明显，单宁砂质感强，但不算强劲，仍有一些成熟的李子、樱桃果味。已经完全熟化，应尽快饮用。

5.2 贺兰红酒庄 HE LAN HONG WINERY

贺兰红 He Lan Hong

“贺兰红”是由贺兰山东麓葡萄酒园区管委会打造的定位于“产区旗舰大单品”的品牌。酒庄主体建筑于2019年建设，位于闽宁镇核心区内，总占地面积20000余平方米，总投资超过5亿元。贺兰红酒庄是宁夏乃至世界罕有的超大规模酒庄。目前市场销售的产品大多产自其兄弟酒庄贺金樽酒庄。2020年，新酒庄完成了第一个年份的酒品酿造。酒庄2018贺兰魂英雄版和江南版在此次评选中取得优异成绩。

庄主：宁夏贺兰山东麓葡萄酒产业园区管理委员会

销售负责人：马玉兰

E-mail：18709686035@163.com

酒庄地址：宁夏银川市永宁县闽宁镇

联系电话：18709686035

酿酒师：梁百吉

梁百吉先生生于1968年，毕业于沈阳化工学院有机化工专业，是国家一级酿酒师、品酒师，拥有WSET3级证书。2001年，梁百吉开始了其在山西怡园酒庄的工作，负责管理所有的酿造及品控过程，任中方酿酒师及副总经理。随后他在怀来的迦南酒业担任特别酿酒师，后历任多个酒庄酿酒师，包括担任山西清徐菲尔蒙（Fairmont）和宁夏米擒酒庄的酿酒师。2019年起任贺兰红酒庄酿酒总工程师。除了丰富的酿造经验，梁百吉踏实、严谨的酿造理念也受到同行肯定。

葡萄园介绍

采用良种壮苗、整地培肥、水肥一体、农机农艺融合等配套技术，酒庄新建高标准酿酒葡萄基地3万亩，原料来源和品质稳定：按照“提高产量、稳定质量、增加效益”的原则，分类精准施策，通过采用增施有机肥、斤果斤肥补齐、缺株（保留率90%以上）、变革架型、合理负载、水肥一体化供给等技术措施，改造提升低产园5万亩。现有葡萄品种赤霞珠、美乐、马瑟兰、蛇龙珠、贵人香、霞多丽等。

推荐酒款

①贺兰魂英雄版2018 评分：

酒评：一款丰富而又新鲜、集中的葡萄酒，带有浓郁的胡椒味，雪松和黑巧克力的黑红加仑。红色和黑色果味的相混合，也带有些许橄榄、中草药和烤红辣椒的风味。口感圆润而细腻，丝滑的单宁使中等至饱满的口感更显圆润细致。层次丰富，回味绵长。非常适饮，但也可在未来4~5年内饮用。

② 贺兰红江南版2018

评分：★★★☆

酒评：孜然般的香辛料、黑樱桃、红色水果和一些辣椒黑巧克力、奶油和雪茄盒的风味。构架在浓郁风味之上的是出色的平衡性，带有一丝胡椒味。单宁紧实，有较为细密的颗粒感，余味悠长。在收尾后有一点酒精感。对于2018年的葡萄酒来说，这一款非常出色。适合即饮，最好在2026年前开瓶饮用。

③ 贺兰红赤霞珠干红葡萄酒2018

评分：★★★

酒评：浓郁的山楂糕、木炭和一些烤红辣椒和醋栗叶气息。多汁、中等至饱满的口感包含着过熟的红色果味，但在中段保持着不错的流动性。单宁具有咀嚼感，余味中等。适合现在饮用，最好在未来1~2内开瓶饮用。

④ 贺兰红赤霞珠干红2017

评分：★★★

酒评：闻起来有木炭、草莓、橄榄和一些白胡椒味。口感多汁而浓郁，果味较甜美，带有耐嚼的砂质单宁，余味紧凑，回味长度中等。显示出相对出色的易饮性。适合现在饮用，最好在2026年前开瓶饮用。

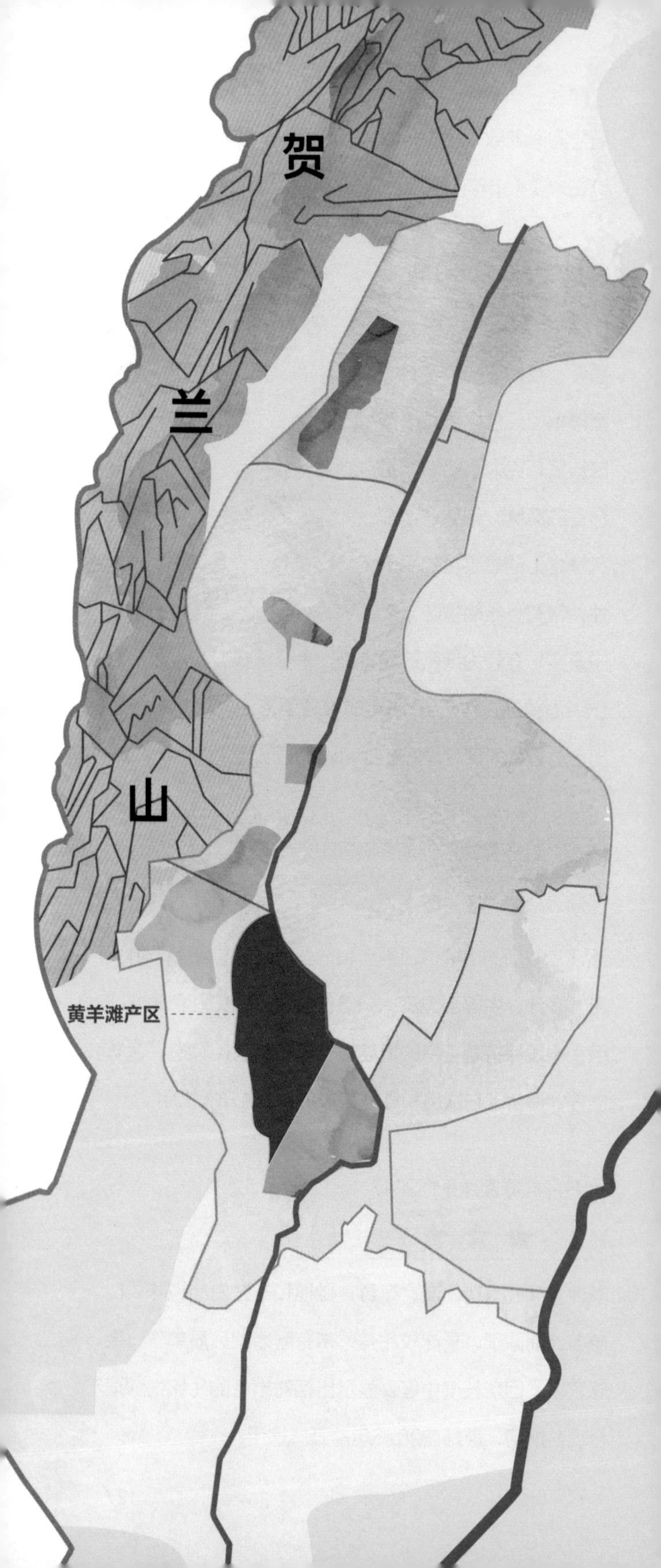
贺
兰
山
黄羊滩产区

6

黄羊滩
产区

3家

6.1 夏桐酒庄 CHANDON

夏桐酒庄由LVMH集团投资建设，是国内为数不多的专注于传统法起泡酒的酒庄。夏桐（Chandon）品牌起源于1959年，全世界目前有6个夏桐酒庄，分别位于中国、阿根廷、美国、巴西、澳大利亚和印度。中国夏桐于2013年正式开业，它致力于打造中国高级起泡葡萄酒品牌，并不断推陈出新，努力打造符合中国消费者需求的优质气泡葡萄酒。其产品风格不同于传统香槟偏好浓重的酵母风味，而是更加偏向于果香和酵母风味的融合，果味的呈现是酒庄起泡酒的一大特色。除了高品质的起泡酒，酒庄旅游也是其特色之一。2014年9月，随着第一批夏桐起泡酒上市，夏桐也正式成为中国第一个专注于生产起泡酒的酒庄。

庄主：苏龙

销售负责人：魏茜

E-mail：vicky.wei@moethennessy.com

酒庄地址：宁夏银川市永宁县黄羊滩农场夏桐路1号

联系电话：0951-5925399

酿酒师：刘爱国

刘爱国2008年毕业于西北农林科技大学葡萄与葡萄酒学（硕士研究生），毕业后一直从事葡萄酒生产工作。2012年就职于酩悦轩尼诗夏桐酒庄，任首席酿酒师，高级工程师，精通静止酒和起泡葡萄酒的酿造。从事起泡酒酿造及风格研究十余年，在传承酿造技艺的同时，不断创新和追求卓越，致力于深刻理解当地风土和葡萄酒的品质表达，并结合市场需求和集团需要对产品风格和新产品的研发进行把关。刘爱国也是国家一级品酒师，国家一级酿酒师，国家级葡萄酒评酒委员、全国酿酒标准化技术委员会委员、银川市贺兰山东麓葡萄酒产业联盟酿酒师委员会委员、宁夏葡萄酒现代产业学院导师、宁夏贺兰山东麓葡萄与葡萄酒联合会酿酒师分会副秘书长。

葡萄园介绍

夏桐（中国）葡萄园占地1020亩，主要品种为霞多丽和黑比诺。建立之初，葡萄园经过卫星测距定位进行精准规划。相比宁夏贺兰山东麓的其他产区，这片冲积扇形成的平原地带土壤的石灰质和卵石较多。此外，夏桐的葡萄园也是宁夏最早采用滴灌的酒庄之一，采用国际先进的压力补偿滴灌节水技术，实现了全程有机葡萄园管理，更大大节约了水资源。夏桐酒庄在起泡酒生产技术及风格研究方面取得了丰硕成果，组建了具备扎实专业技术水平的核心技术团队和管理团队。

推荐酒款

① 夏桐 Brut NV

评分：★★★☆

酒评：精致的酵母自溶香气，带有一丝矿物般的白垩感，果味丰富、怡人，充满柠檬和青苹果的香气和接骨木花的气息。口感上略显甜美，风味集中度较好，泡沫细致，酸度活泼，余味略有咸鲜感。适合现在饮用。

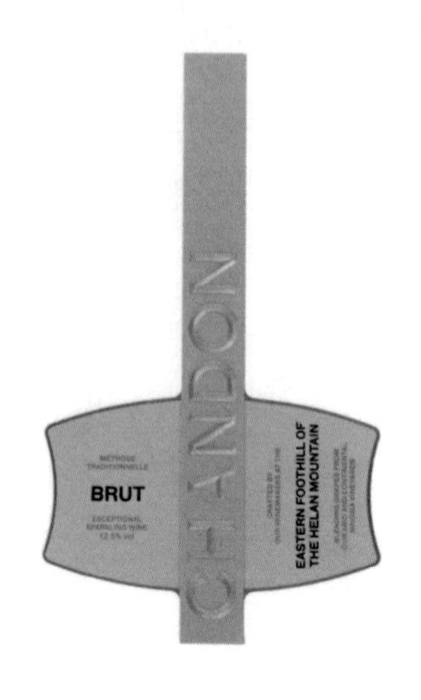

② 夏桐 Rose NV

评分：★★★

酒评：新鲜的野莓、樱桃、西柚、桃子和一丝奶油气息。口感半干，略甜，果味浓郁，余味中略带柑橘皮的苦味。有新鲜细腻的气泡。适合现在饮用。

③ 夏桐花园桃红柑橘NV

评分：★★★

酒评：浅三文鱼色，略带橙黄色调。香气带有明显的橙皮、姜丝、杜松子、松针、迷迭香般的草本植物气息。入口新鲜、半甜，怡人的酸度给这款类似意大利“Spritz”风格的起泡酒带来活力和平衡。喝起来轻松、简单，毫无压力。适合即饮，最好在夏天冰镇饮用。

6.2 长和翡翠酒庄
COPOWER JADE WINES LIMITED

长和翡翠酒庄建于2013年，由以油气开发为主业的香港长和实业投资建设，酒庄位于黄羊滩农场，酒庄设备齐全，采用传统法手工酿造工艺，生产高标准优质葡萄酒。酒庄由长和实业集团董事长焦旭鼎的夫人张艳莉精心运营，并聘请周淑珍女士为酒庄酿酒师。酒庄葡萄酒的质量逐渐提高。这次盲品中，2019珍藏赤霞珠·翠获得了极佳的成绩。另一方面，酒庄注重市场推广、宣传，在业内已有一定知名度。产品质量稳定，各价位区间的酒款选择丰富，性价比总体较高。

庄主：张艳莉
销售负责人：丁飞
E-mail：feiding@copowergroup.cm
酒庄地址：宁夏银川市永宁县国营黄羊滩农场三号园区
联系电话：18095391654

酿酒师：周淑珍

周淑珍女士是中国第一位独立女酿酒师，是宁夏产区具有影响力的酿酒人物。1983年学习葡萄酒酿造，参与了中国第一瓶干红葡萄酒的开发研制。先后担任西夏王化验员、质检科副科长等。2003年任广夏贺兰山葡萄酒公司副总工程师、宁夏保乐力加（贺兰山）葡萄酿酒有限公司酿酒师、总工办主任。2014年，她辞去宁夏保乐力加（贺兰山）工作，走上了自己的独立酿酒师的道路。如今，周淑珍是宁夏炙手可热的酿酒顾问之一，现任包括长和翡翠、迦南美地、留世、嘉地酒园等7家酒庄的酿酒师及顾问，所酿制的葡萄酒获奖颇丰。其酿酒理念重视成熟度和浓郁度，并在此之上致力于提升酒的新鲜感和单宁质量。虽然周淑珍酿造的葡萄酒常常会带有不少酿酒师本人偏好的痕迹，有“同质化”的趋势。但不得不承认，在所谓“大酒”的酿造上，宁夏很少有哪个酿酒师可以和周淑珍所取得的成就相提并论。

葡萄园介绍

葡萄园海拔1145~1162米，总计1236亩，土壤以含有砾石的沙土和壤土为主。根据土壤类型，酒庄划分出了17个地块，主要种植了12个品种，包括赤霞珠（30.4%）、美乐（18.7%）、马瑟兰（16.0%）、霞多丽（11.2%）、品丽珠（6.3%）、西拉（3.8%）、黑比诺（3.4%）、维欧尼（2.2%）、小芒森（1.0%）、小维尔多（0.9%）、马尔贝克（0.9%）、紫大夫（0.9%）。此外，酒庄拥有实验种植区56亩，目前对28个品种进行实验栽培。目前，酒庄年产葡萄大约600吨。

推荐酒款

①珍藏赤霞珠·翠2019

评分：★★★★

酒评：淡淡的白胡椒点缀着红樱桃、李子的果味。中等

酒体，口中明亮而优雅，单宁柔软。简单但平衡、略显线性的一款葡萄酒。容易饮用。无年份，即饮最佳。

② 悦干红2019　　　　评分：★★★

酒评：鲜美的李子和樱桃风味很好地与木质香料结合。砂质单宁，酒体中等偏饱满。回味鲜咸，具有中等偏长的余味。适合现在到未来两年内饮用。

③ 珍藏霞多丽干白2019　　　　评分：★★★

酒评：香气带有淡淡的奶油、酒泥、轻度烘烤的菠萝和咸柠檬味。味道鲜美，口感细腻，具有不错的风味。酸

度清新，余味顺滑，中等偏长的回味。适合现在饮用。

④熔岩 · 悦干红2019　　评分：

酒评：香气上带有一些绿橄榄、香料和红色浆果味。口感优雅，以浆果为主。中等酒体，单宁紧实，具有颗粒感。不复杂，没有太大的野心，但显示出良好的平衡。适合现在饮用，并尽量在2025年前开瓶。

⑤维欧尼干白2019　　评分：

酒评：略带白垩感的香气，呈现出牡蛎壳般的矿物质和苹果片的味道。比大多数维欧尼更内敛、中性。口感新鲜，带有淡淡咸味和清脆入口感。回味清淡。适合现在饮用。

6.3 百事活法塞特酒庄

BAASWOOD

百事活法塞特酒庄始建于1998年，前身是圣·路易丁酒庄，酒庄位于黄羊滩农场，酒庄全部采用有机种植，葡萄树龄最长已达24年。2013年取得种植和酿造双有机认证证书。酒庄特色是霜后晚采，以达到较高的浓郁度及甜美感，经过长时间橡木桶熟化和瓶储后，葡萄酒的风格主要以熟化的三类香气主导。对于此种风格，一些评委比较认可，一些评委提出了不同的意见。JamesSuckling.com高级编辑帅泽堃认为，这种略过于成熟、老派、偏氧化的风格如今已不符合大多数市场主流的审美趋势，但鼓励读者根据自己喜好选择。

庄主：丁洁杨

销售负责人：马恩元

E-mail：fst17395580376@163.com

酒庄地址：宁夏银川市永宁县黄羊滩农场
南二支二斗北处

联系电话：13909575315

酿酒师：罗耀文、刘宗芳

罗耀文是百事活法塞特酒庄酿酒总工程师，是国家葡萄酒果酒评委，也是国家一级品酒师、一级酿酒师。历任1996、2001、2007、2012年4届国家评酒委员。荣获首届中国精品葡萄酒挑战赛“年度十佳酿酒师”、第五届亚洲葡萄酒质量大赛“优秀酿酒师”等称号。

刘宗芳女士是百事活法塞特酒庄酿酒副总工程师，是国家葡萄酒果酒评委，也是国家一级酿酒师、一级品酒师。她擅长多种葡萄酒的酿造，热爱葡萄酒事业，对葡萄酒充满热情，工作认真细致，对宁夏葡萄酒风格有着自己的理解。

葡萄园介绍

百事活法塞特酒庄葡萄园建于1998年，总计3000亩，现有赤霞珠、美乐、蛇龙珠、马瑟兰、小维尔多、西拉等酿酒葡萄品种。2013年取得种植和酿造双有机认证证书，是宁夏首批获得双有机认证企业。葡萄园海拔1100米，年产葡萄500吨。

推荐酒款

①法赛特有机晚采美乐2015 评分：★★★☆

酒评：砖红色。闻起来有泥土和胡椒的香气，伴随着淡淡的甜果和甘草、草药、大黄的气息，独具风格。入口中段有些微干，余味悠长而醇熟。老酒的陈年风格，缺乏活力，但适合那些追求高成熟度并具有陈年后复杂性的饮者。该酒目前处于适饮期。

②百事活法塞特有机晚采美乐2017

评分：★★★

酒评：暗红色。初闻有清凉油、樟脑丸的气息，随后散发出复杂的陈酿香气，带有完全演化的成熟水果、淡淡的甘草、石墨/铅笔芯的香气，也兼具烟叶香。酒体中等，颗粒单宁在收尾的时候略显干涩。圆熟、复杂而老派。该酒已经完全发展，应尽快饮用。

③法赛特百事活有机晚采赤霞珠2015

评分：★★★

酒评：树脂，蜡质感的果味、红枣和泥土气息。略带一丝薄荷和樟脑的味道。口感紧实，有颗粒感，余味成熟。充分陈年发展的老派晚收风格，但有较好的质量和特色。一款评价可能会两极分化的葡萄酒。完全成熟，需要现在饮用。

④法赛特农城之盛世赤霞珠nv

评分：★★☆

酒评：砖红色色泽。香气带有肉桂、白胡椒、丁香、橙皮和泥土的风味。些许干梅和无花果的风味。口中风味已经完全熟化，显示出更多的陈酿后的三级香气。应尽快饮用。

⑤百事活法赛特有机赤霞珠美乐2015

评分：★★☆

酒评：老派、陈酿风格的红酒。闻起来有石楠、桉树叶、白胡椒和铅笔芯的香气，并伴随着泥土的气息。单宁紧致，酒体中高，果味鲜美，口中仍然能感受到多汁感，回味老熟，缺乏活力，略有灼热感。该酒目前宜饮，应尽快饮用。

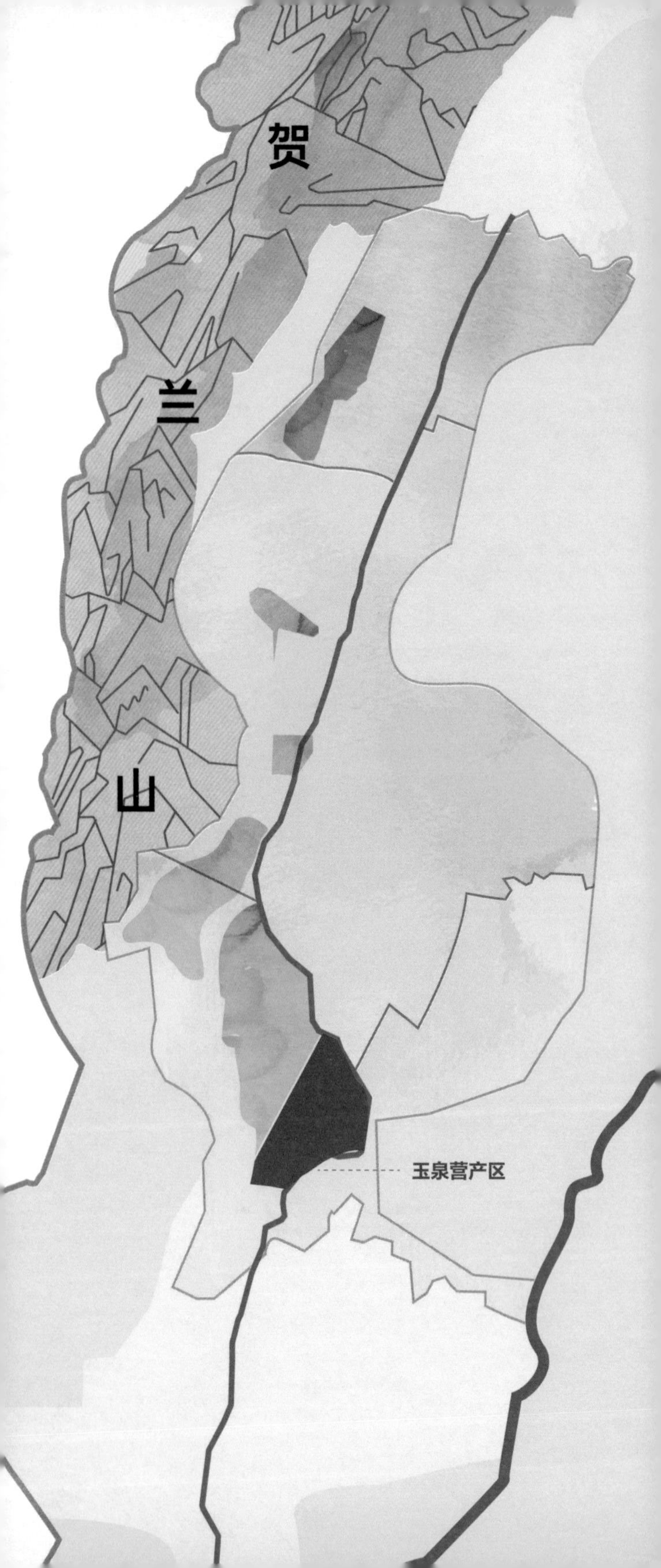
贺
兰
山
玉泉营产区

7

玉泉营产区

6家

7.1 宁夏农垦酒业

CHATEAU YUQUAN OF NINGXIA STATE FARM

宁夏农垦（宁垦）酒业是宁夏农垦集团所属的国有独资企业，前身是西夏王酒厂，始建于1984年，是宁夏最早开展葡萄种植及葡萄酒酿造的企业。公司旗下拥有玉泉国际酒庄（AAAA级景区）、国宾酒庄、暖泉酒庄、酿酒葡萄与葡萄酒研究所、检验检测中心、营销公司等。通过此次盲品，我们留意到宁夏农垦的产品质量正在提高。由于不少酒款未标明年份，我们推荐新灌瓶的葡萄酒。

庄主：王占伟
销售负责人：周开宇
E-mail：316896885@qq.com
酒庄地址：宁夏银川市永宁县营农场大街1号
联系电话：15009589990

酿酒师：俞惠明

俞惠明，宁夏农垦酒业首席酿酒师，“全国五一劳动奖章”获得者，是宁夏回族自治区第一代酿酒师、第一瓶葡萄酒的酿造人，为宁夏葡萄酒产业先后培训500多名酿酒、品酒人才，主持酿造的西夏王葡萄酒累计获得国际、国内大奖500多项。在他的主持下，为企业改进传统工艺30余项，研制开发新产品50多个,申报国家专利7项。

葡萄园介绍

宁夏农垦酒业拥有6.6万亩集中连片优质葡萄园，平均树龄大于10年，品种涵盖赤霞珠、蛇龙珠、梅鹿辄、黑比诺、北红、北玫、马瑟兰、贵人香、霞多丽等优质品种。实行龙头企业与种植基地一体化运行机制，始终把原料基地作为葡萄酒生产的“第一车间”。土壤中富含砾石，土质疏松透气，为葡萄生长提供良好条件。

推荐酒款

① 西夏王（宁垦）开元1984 NV

评分：★★★

酒评：淡淡的白胡椒点缀着红樱桃、李子的果味。中等酒体，口中明亮而优雅，单宁柔软。简单但平衡、略显线性的一款葡萄酒。容易饮用。无年份，即饮最佳。

② 宁夏农垦宁垦红马瑟兰干红葡萄酒NV

评分：★★★

酒评：完全不透明的墨般黑紫色。香气充满深沉的紫色水果、桉树叶、紫罗兰提取物、桑葚和一丝蚝油气息。酒体饱满，单宁强壮，呈现出垂直的结构感，具有咀嚼感。余味紧凑。整体风格浓郁，成熟。质量精良，只是在品尝时能够感觉到一些果酱感和较明显萃取的痕迹。建议在2024年尝试。

③ 宁夏农垦藤耆藏级赤霞珠2019

评分：★★☆

酒评：香气浓郁而略带有果酱感。一些龙眼夹杂着中草药、干树皮和胡椒的辛香。单宁饱满、具有结构。在余味中具有紧实感，并让人想起蛇龙珠的白胡椒味。在2024年饮用为宜。

7.2 新慧彬酒庄 CHATEAU CHANSON

早在1997年，上海企业家冷兴慧便在宁夏的玉泉营农场承包200公顷土地种植葡萄，成为宁夏很早一批产业拓荒者和葡萄种植者，长期向其他酒庄出售葡萄。直到2014年，冷兴慧才决定建立酒庄，为其取名新慧彬酒庄，葡萄酒则以尚颂堡（Chateau Chanson）命名。近些年，酒庄由庄主女儿接手，打造了一系列针对年轻消费者的产品，在风格和包装都有年轻化趋势，在市场上反响不俗。酒庄葡萄园树龄较高，并且通过架型、架势的调整，稳定了质量。单一品种是其酒庄特色，比如品丽珠和马瑟兰。其葡萄酒风格柔美而具有不错的质感。略微过熟的红色果味（山楂糕、红枣等）是其品丽珠常有的特点。

庄主：冷兴慧
销售负责人：张佳昊
E-mail：xinhuib@163.com
酒庄地址：宁夏银川市永宁县玉泉营农场
联系电话：15009580999

酿酒师：高远

高远硕士毕业于OIV（国际葡萄与葡萄酒组织）葡萄酒专业，游学期间遍访世界知名葡萄酒产区及酒庄。其工作细致严谨，对葡萄酒充满热情，热衷于最大限度展现葡萄酒的品种特点。

葡萄园介绍

新慧彬葡萄酒庄葡萄园建于1997年，总计1500亩，栽培有赤霞珠、霞多丽、黑比诺、西拉、蛇龙珠，美乐、马瑟兰等品种，年产葡萄450吨，葡萄园海拔1170米。

推荐酒款

① 尚颂堡品丽珠干红2017

评分：★★★

酒评：鲜美、饱满的红色浆果，带有些许枸杞、甜香料、石墨和红枣干的风味。口中单宁紧致、多汁，果味略有甜酸感，带有些许绿橄榄和红色果干的风味。回味中长。已经成熟，适合现在饮用，最好在2026年前开瓶。

② 尚颂堡霞多丽干白2019　　评分：★★★

酒评：奶油柠檬中含有一些杏仁糖和黄油，还有一丝酵

母和白色坚果的味道。口感上白色坚果味较为明显，但不失新鲜，带有些许鲜味。中等酒体，余味中等。适合现在饮用。

③ 尚颂堡马瑟兰干红2018

评分：★★☆

酒评：经过熟化的一款马瑟兰，现在已经演变出一些陈年后的三类香气。有话梅、烘烤香料、白胡椒和树皮的味道。口感上中等至饱满的酒体，果味多汁，但单宁在收尾显得紧涩。已经完全熟化，适合现在饮用。

7.3 保乐力加

PERNOD RICARD WINEMAKERS

保乐力加（宁夏）葡萄酒酿造有限公司是保乐力加集团在中国独资的生产型公司。酒庄始建于1997年，前身是银广厦集团有限公司。经历了6年的合作和重组，全球酒水巨头保乐力加集团于2012年将其全资收购，包括其葡萄园。收购后，保乐力加的种植团队拔除了大量受到卷叶病影响的葡萄藤，并重新种植。保乐力加的“贺兰山”葡萄酒是宁夏唯一一个以“贺兰山”命名的葡萄酒品牌，也是中外双方团队合作的成果。首席酿酒师任彦伶早在2000年便加入酒庄工作。保乐力加正式全资收购广夏贺兰山酒厂前，其来自澳大利亚的种植和酿酒团队从2007年开始便一直与中方团队保持紧密合作。目前酒庄葡萄酒年产量大约100万瓶。

“贺兰山”葡萄酒以其稳定的品质和性价比著称。目前，酒庄将其葡萄酒分为经典、特选、珍藏、霄峰四个系列。其中，“霄峰”系列作为贺兰山的旗舰酒款，葡萄全部来自自有的20年以上的老藤，并仅在优秀年份推出。“经典”和“特选”作为入门系列，葡萄酒更突出明快而直接的果味，风格简单明晰，口感爽脆简洁，充分反映市场需求，价格也更加亲民。此次参与盲品的葡萄酒中，2021保乐力加珍藏霞多丽体现了出色的性价比。而价格昂贵的保乐力加霄峰赤霞珠2019和保乐力加霄峰霞多丽2021都表现优异。这都体现了保乐力加贺兰山的实力和稳定的品质。

庄主：华民

销售负责人：庞凌

酒庄地址：宁夏银川市永宁玉泉营农场永黄公路
南侧二号楼

联系电话：028-84727093

酿酒师：任彦伶

任彦伶女士是保乐力加（宁夏）葡萄酒酿造有限公司首席酿酒师，2000年毕业于拥有“葡萄酒行业黄埔军校”之称的西北农林科技大学葡萄酒学院。她是国家一级品酒师、国家一级酿酒师，宁夏第二位女性国家葡萄酒、果酒评委，2009年全区轻工业技术能手，2016年中国葡萄酒年度杰出酿酒师。拥有20余年葡萄酒酿造经验，并多次去新西兰与澳大利亚学习、交流。

葡萄园介绍

公司拥有6000亩葡萄园，葡萄树龄达到20年以上，主要品种有赤霞珠、美乐、霞多丽，以及一部分马尔贝克、马瑟兰和西拉。土壤主要以沙壤土为主。全园采用滴灌方式进行灌溉，并于2021年申请了有机认证。

推荐酒款

① 保乐力加霄峰赤霞珠2019　评分：★★★★

酒评：较为细腻的橡木香料、黑橄榄、木炭、可可粉、薄荷、成熟蓝莓和黑莓的香气。丰富、复杂和浓郁的风味被紧致的粉状单宁所细密包围。酒体饱满、浓郁，余味悠长、细致。这是一款具有不错的陈年实力的赤霞珠。最好在2024年开始的2~4年内饮用。

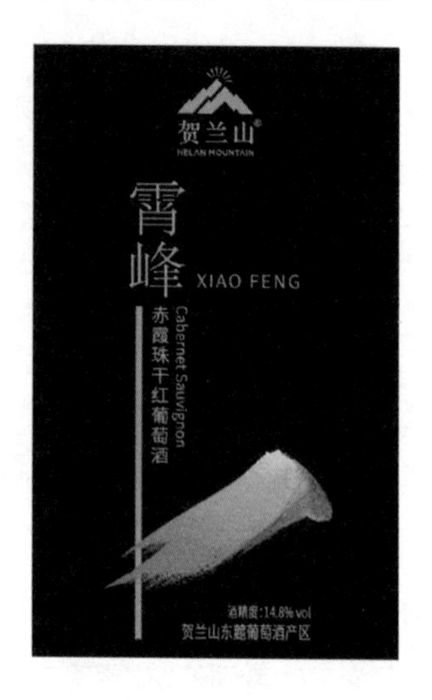

② 保乐力加霄峰霞多丽2021 评分：★★★★

酒评：精致的奶油味，带有一丝黄油、柠檬挞和淡淡的矿物感。非常精细的橡木桶带来的烘烤香料。口感宽广而新鲜，有奶油柑橘和菠萝的味道，余味悠长而圆润。一款复杂而精准的高品质宁夏霞多丽。现在已经适饮，最好在2027年前开瓶。

③ 保乐力加珍藏霞多丽2021 评分：★★★☆

酒评：精细而有层次的香气。柠檬皮、酸奶油的风味，带有一丝奶油蛋糕和松子的味道。口中带有奶油般的细腻质感，酸度适中，显得圆润而稳重。回味悠长而甜美。品质优异。已经展现出出色的复杂度，适合现在饮用。最好在2026年前开瓶。

④ 保乐力加珍藏赤霞珠2019　　评分：★★★

酒评：初闻木桶的香料味明显，逐渐展现出孜然、黑莓和红色果味。口感多汁而紧实，酒体中等，单宁有嚼劲，余味紧凑，回味长度中等。宜在2024年饮用。

⑤ 保乐力加特选霞多丽2021　　评分：★★★

酒评：成熟和酚类物质，有烤菠萝、饼干、烤香料和柠檬气息。新鲜、中等的酸度搭配圆润的中等酒体。风味略显甜美，回味中等。适合现在饮用，最好在2025年前开瓶。

7.4 鹤泉酒庄 CHATEAU HEQUAN

鹤泉酒庄建于2002年，是贺兰山东麓葡萄酒产区最早建立的酒庄之一，创始人魏继武是宁夏西夏王葡萄酒业有限公司的元老，曾任酒厂厂长兼党委书记，见证了宁夏葡萄酒的发展。如今酒庄交由女儿打理，产品以贺玉系列为主，主要生产美乐、蛇龙珠、赤霞珠、贵人香等品种的葡萄酒。酒庄近些年来开始推陈出新，也有了一些市场推广，但知名度仍有很大的提升空间。

庄主：魏继武
销售负责人：魏霞
酒庄地址：宁夏银川市永宁县玉泉营农场场部
联系电话：15121988787、0951-8931520

酿酒师：韩炳军

韩炳军毕业于宁夏林业学校葡萄酒专业，是国家一级品酒师、国家一级酿酒师，银川市葡萄产业联盟技术委员会委员。2003年，韩炳军开始在鹤泉酒庄工作，后跟随鹤泉酒庄顾问陈泽义学习。2009年，韩炳军正式被任命为酒庄酿酒师兼技术部主任，2015年荣获"首届中国葡萄酒行业十大最具潜力酿酒师"称号，现任宁夏鹤泉酒庄总工程师、酿酒师。工作20年来，韩炳军意识到大多数中国消费者喜欢圆润、果味充足、结构平衡的葡萄酒，他也将生产符合多数国内消费者需求的葡萄酒当作己任。

葡萄园介绍

鹤泉酒庄葡萄园总计600亩，栽培有赤霞珠、美乐、蛇龙珠3个品种，年产葡萄300吨。

推荐酒款

① 鹤泉绿松石美乐干红2017　　评分：★★★

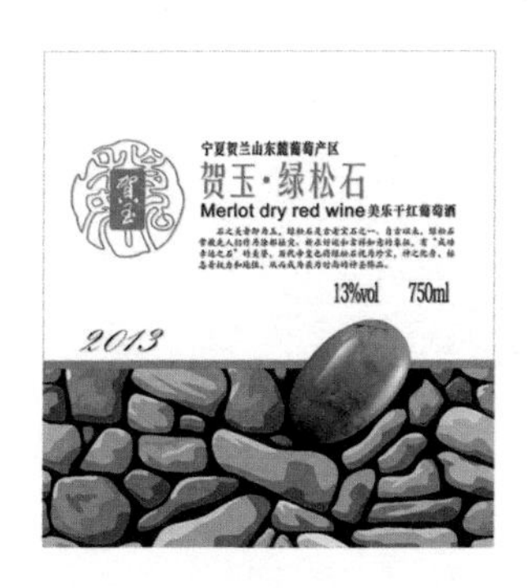

酒评：香气散发出些许胡椒香料，随后展现出成熟的浆果和李子的香气，还带有一缕肉干的气息。酒体中等偏饱满，单宁紧致，余味较长。适合即饮，最好在未来的1~2年内饮用完毕。

② 鹤玉沐春贵人香干白葡萄酒　　评分：★★★

酒评：新鲜的杏子和蜜瓜香气，伴有一丝柑橘香。入口后活泼、多汁而简单，清脆的酸度突出了骨架，略欠风味集中度，但这样口感也使其更加有活力。余味生津、长度中等。适合即饮。

7.5 类人首酒庄 LEIRENSHOU WINERY

类人首酒庄成立于2002年，是产区早期建立的酒庄之一。品牌缘起万年岩画“太阳神”图腾，因图案标志形似人首而得名。类人首在宁夏本地市场和消费者中具有很高知名度。近些年，酒庄开始专注线上渠道，其产品售价低廉，主打平价市场，并一度创下宁夏葡萄酒线上快销佳绩。

庄主：冯清
销售负责人：冯亚平
E-mail：15202603764@163.com
service@leirenshou.com
酒庄地址：宁夏银川市永宁县玉泉营农场
联系电话：18895092699

酿酒师：蔡乾栋

蔡乾栋先生是国家一级酿酒师，自1998年进入酒庄进行酿造工作，担任类人首酒庄酿酒师，至今已有20余年酿造经验。他擅长多种葡萄酒的酿造，热爱葡萄酒事业，对市场和产品的关系有独特的判断。

葡萄园介绍

类人首葡萄园分为自有葡萄园(1200亩)及长期合作葡萄园，葡萄园从金山国际实验园到110国道沿线、黄羊滩均有分布，并用于酿造不同级别的产品线。

推荐酒款

①类人首雅7 2017　　　评分：

酒评：香气呈现出橄榄、黑莓和沥青，还带有淡淡的咖啡和香料感。口感丰富，单宁丝滑，余味悠长，带有香料特点。平衡而融合。适合现在饮用，但也可以陈放1~2年。

②类人首雅5 2017　　　评分：

酒评：初闻有些许橡木片和胡椒味，随后展现出豆豉、橄榄和黑莓的香气。酒体饱满，单宁紧实又不失细腻，余味甜美，并带有轻微的灼热感。适合现在饮用，最好在2024年前开瓶。

③类人首雅3 2017　　　评分：

酒评：明显的熏木头、咖啡糖、樱桃酱和甜果味。中等酒体的口感柔软而顺滑，还有一些明显的果甜。质量处于平均之上，风味直接而简单。适合不追求明显风味的消费者。适合现在饮用。

7.6 兰轩酒庄

LANXUAN WINERY

兰轩酒庄于2012年建庄，酒庄成立后便荣获多项国际大奖，在此次盲品中，兰轩酒庄证明其产品质量不俗，值得消费者的关注。同时，我们也期待其更多新年份的产品。

庄主：丁丽

销售负责人：丁丽

E-mail：384356719@qq.com

酒庄地址：宁夏银川市永宁县玉泉营农场2号园

联系电话：13809573665

酿酒师：张军翔

张军翔生于1971年，博士。现任宁夏大学葡萄酒学院教授、博士生导师、副院长。2007年3月毕业于北京理工大学应用化学专业，研究方向为葡萄栽培与酿酒。

葡萄园介绍

宁夏兰轩酒庄葡萄园建于2008年，总计200亩，代表品种有赤霞珠、霞多丽、马瑟兰等，葡萄园土壤多石灰质砂砾，土质疏松透气，为葡萄生长提供良好条件。

推荐酒款

①仙谷兰轩马瑟兰橡木桶陈酿干红2017

评分：★★★★

酒评：一款具有活力，让人眼前一亮的马瑟兰。我们欣赏其胡椒气息给浓缩的黑色和蓝色浆果带来的一丝辛辣感。些许石墨和紫罗兰的香气。口感浓郁甜美但不腻人，在饱满的酒体中展现出良好的酸度。单宁强劲但不过分张扬，具有一定细致感和不错的长度。适合在现在或未来的2~3年内饮用。

②仙谷兰轩

橡木桶珍藏赤霞珠2017

评分：★★★☆

酒评：甜美的香料、甜椒、咖啡和一丝薄荷巧克力的成熟果味。木桶味道较重。砂质、细密的单宁在口中一直随果味延续到收尾。回味成熟而鲜美，具有不错的长度。果味甜美。适合现在到未来的两年内饮用。

③仙谷兰轩霞多丽干白2016　　评分：★★★

酒评：中等深度的金黄色色调。坚果、黄油、烤木头、成熟的柠檬和芒果干的气息。口感圆润，接近饱满，坚果和橡木味较明显，但缺乏酸度和活力。适合即饮，在2025前开瓶。

8

独立酿酒师

5家

8.1 璃歌远山

LIGEYUANSHAN WINERY

璃歌远山，璃为美玉，歌者赞美，远山即贺兰。璃歌远山是独立酿酒师企业，皮春独具创新精神和贺兰山下葡萄园合作，酿造一些有特色的葡萄酒。这种精神为产区带来了不一样的活力。

庄主：皮春
销售负责人：皮春
E-mail：894764515@qq.com
联系电话：13452078118

酿酒师：皮春

皮春毕业于重庆涪陵农业学校。后来创立宁夏璃歌远山酒窖有限公司，担任酿酒师。产品也获得了一些国际奖项，同时酿造例如风干稻草酒等小品类酒。

葡萄园介绍

公司目前合作葡萄园位于苏峪口附近，葡萄园面积150亩，品种主要是赤霞珠，每年葡萄产量极低。

推荐酒款

璃歌远山赤霞珠橡木桶干红2019

评分：★★★☆

酒评：熔化的黑巧克力与丰富的黑莓和檀香交织。口感丰富，味道鲜美，单宁紧实耐嚼，余味悠长。需要一些时间让单宁进一步熟化。回味紧致而悠长。适合在2024年开始的3年内饮用。

8.2 停云酒庄 LINGERING CLOUDS

停云酒庄成立于2016年，立足宁夏贺兰山东麓产区，尊重独特风土，传承并创新酿造方式。上承古人醉饮琥珀之风，下续西士酯造黄金之艺。停云——思亲友也！

创始人刘建军祖籍河南，来宁夏后，他曾在银色高地酒庄工作，师从法国酿酒师Thierr Courtade。抱着对葡萄酒的热爱，他于2016年创立了停云酒庄，并酿造了第一个年份的葡萄酒。近几年来，刘建军对葡萄酒有了新的理解，这得益于他对文化、文学、艺术的热爱，使他的葡萄酒无论是产品类型、酿造还是包装和酒标设计都让人眼前一亮。他敢于打破常规的创新型产品值得所有葡萄酒记者和爱好者们关注，尤其值得关注的是近几年来他在Pet-Nat自然起泡酒中所取得的成绩，比如雷司令、玫瑰香和一些与茶叶一起发酵的霞多丽。目前，刘建军通过采收农户的葡萄，在葡萄酒与防沙治沙职业技术学院内与其他几个独立酿酒师一起使用车间设备。我们期待他能够继续酿造有趣、富有个性的宁夏葡萄酒。

庄主：刘建军

销售负责人：刘建军

E-mail：747365567@qq.com

酒庄地址：宁夏银川市永宁县胜利乡

（宁夏葡萄酒与防沙治沙职业技术学院院内）

联系电话：18695262679

推荐酒款

① 停云红胡子2019　　评分：

酒评：香气上带有一丝细致的石楠花香、甜美的红色和黑色果味及些许烘焙的香料和鲜味。口中饱满，单宁呈现砂质感，带有些许胡椒风味的点缀。回味持久而成熟。质量十分优异。目前非常适饮，最好在2027年前饮用。

② 停云玫瑰香自然起泡葡萄酒2022

评分：★★★☆

酒评：浑浊的石榴红色。香气新鲜、带有水蜜桃、玫瑰和茉莉花瓣的香气。口感相当干爽，感觉不到任何残糖和甜感。气泡虽谈不上持久，但充分而绵密，具有卡布基诺奶泡般的质感。回味略带西柚皮般的苦味，为其增加了一丝趣味。适合即饮，最好在2025年前享用。

③ 停云西拉2021 评分：★★★

酒评：香料和些许黑胡椒的香气，伴随着黑樱桃、咖啡和甜香料气息。木桶味道明显，但不乏活力。口中具有一定的结构感，桶味比香气少一些，余味略有灼热感。目前处于适饮期，但在2024年或2025年饮用更佳。

④ 停云笑春风NV 评分：★★★

酒评：这款甜型桃红充满活力，且香气馥郁。闻起来有淡淡的雪碧、玫瑰花和水蜜桃的香气。甜度中等，爽脆的酸度给葡萄酒带来清新的口感。回味略黏稠。目前宜饮。

⑤ 停云茉莉花加香型自然起泡葡萄酒2022

评分：★★★

酒评：非常浑浊的黄杏般的颜色。一款气泡绵密的加香型Pet-Nat（自然起泡葡萄酒），以茶叶的味道为主导，其次带有自然的抹茶、花瓣的气息，以及一丝杏和芒果的味道。带有明显的酯类香气。口感干爽，具有一定的酒体。回味新鲜，但略有茶叶带来的苦味。适合即饮，最好在2025年前享用。

⑥ 停云白鲸2018 评分：★★★

酒评：一款几乎完全熟化的2018年赤霞珠。泥土和鲜美的果味。李子和黑加仑夹杂着一丝香草和烟草叶的味道。口感成熟但仍然多汁，单宁有一些颗粒感，回味中长。适合现在饮用，最好在2026年前饮用。

8.3 拾悦酒业

SHIYUE WINERY

宁夏拾悦酒业有限公司成立于2016年6月，是由一群葡萄酒学院毕业生创立的，他们有专业知识并对葡萄酒充满热情，公司致力于科技创新，秉承科技发展战略，致力于通过专业知识酿造好酒。目前，项目负责人和酿酒师戴仲龙通过采购位于青铜峡葡萄园的葡萄酿酒，通过精选葡萄园原料来保证质量的稳定性。其厚重、浓郁的拾悦橡木桶珍藏赤霞珠干红2021在此次品鉴中表现亮眼。

庄主：戴仲龙

销售负责人：王宏

E-mail：461600925@qq.com

酒庄地址：宁夏银川市金凤区黄河东路620号

海沃空间216室

联系电话：13469506962

酿酒师：戴仲龙

戴仲龙生于1985年，宁夏拾悦酒业有限公司法人，国家一级品酒师，葡萄酒、果酒特邀评委。2008年他毕业于宁夏大学农学院园艺（葡萄栽培和酿造）专业，历任广夏贺兰山葡萄酿酒有限公司总酿酒师助理，保乐力加（贺兰山）葡萄酒酿造有限公司业务副总经理，宁夏银泰酒庄酿酒师，宁夏紫岳酒业有限公司酿酒师和总经理助理，宁夏拾悦酒业有限公司总经理。参与多项科技项目，申报2项专利，发表期刊论文2篇。

葡萄园介绍

拾悦酒业战略合作葡萄园位于青铜峡，总计500亩，栽培有赤霞珠、美乐两个品种，年均亩产葡萄550千克。

推荐酒款

① 拾悦橡木桶珍藏赤霞珠干红2021　　评分：★★★★

酒评：果味充沛、饱满而较为复杂，香料感明显，带有可可粉、薄荷、黑莓、乌梅、一丝雪茄盒和佛手柑的香气。口感饱满、紧凑而具有结构。风味浓郁而仍然保持着不错的新鲜度。需要1~2年使其单宁和橡木桶更好地融合。最好在2024年开始的4~5年内饮用。

② 拾悦嘉誉梅洛干红2021　　评分：★★★

酒评：闻起来有一些浓郁的烤黑樱桃和黑橄榄的风味。结构感很强，酒体饱满强劲，单宁咀嚼感强，并不细腻。略有些过度萃取的痕迹。2024—2025年饮用为宜。

8.4 宁夏醇聚葡萄酒文化传播有限公司 LANWINE

李浩玮创办兰酒荟LANWINE，在宁夏推广葡萄酒文化，同时也创立自己品牌独立酿酒。

庄主：李浩玮
销售负责人：李浩玮
E-mail：lihaowei.lhw@gmail.com
酒庄地址：宁夏银川市金凤区万达中心C座1-115
联系电话：15595028676

酿酒师：李浩玮

李浩玮毕业于法国INSSEC波尔多葡萄酒学院，2016年回国后开始在贺兰晴雪酒庄担任助理酿酒师职位。2017年后开始酿造独立品牌产品简山和醒山系列，并先后获得G100国际葡萄酒烈酒挑战赛、贺兰山东麓国际葡萄酒挑战赛和首届中国（宁夏）国际葡萄酒文化旅游博览会的金、银、铜奖项若干项。

推荐酒款

简山赤霞珠干红葡萄酒2021
Lanwine Cabernet Sauvignon Ningxia Gem-Shine

评分：★★★☆

酒评：我欣赏这款酒中的一丝烟熏、熏烤草本和肉干的气息，这给这款本身非常成熟浓郁的葡萄酒增加了一丝新鲜感和趣味。香气上也带有一丝香草、黑橄榄酱和烤黑樱桃的气息。口中酒体中等偏饱满，橡木桶带来的香草风味在口中略有放大，黑色果味带有一些草本和胡椒的气息。口感顺滑而带有甘油般的甜美和圆润质感。回味持久，以木桶的香料为主。收尾浓郁而多汁。适合2024年开始的2~3年内饮用。

8.5 未迟酒庄

CHATEAU WITCH

2016抱璞是未迟酒庄推出的第一款产品。未迟酒庄由张旋以及几位志同道合的朋友创立，致力于发展国产精品葡萄酒，将贺兰山的风土表现在酒里，呈现给消费者。酒庄现有干红、桃红、干白、起泡等四个大类的十余款产品。酒庄利用葡萄酒与防沙治沙职业技术学院以及宁爵酒庄设备代加工生产，现年产葡萄酒40吨，年销量5万瓶，在国内拥有稳定销售渠道及经销商。

庄主：张旋

销售负责人：牛丽丽

E-mail：xuan.zhang@xmdwine.cn

酒庄地址：宁夏银川市西夏区朔方路801产业园内

联系电话：13723373993

酿酒师：张旋

张旋先在西北农林科技大学葡萄酒学院学习，之后去法国波尔多留学深造，毕业于波尔多国际葡萄酒学院（BIWI OF INSEEC），获得葡萄酒管理硕士学位。在法国他还就职于波尔多Vignobles Barrere酒庄。2014年回国后他投身宁夏贺兰山东麓，在多家酒庄担任酿酒师及酿酒顾问工作，于2018年创立未迟酒庄，现任银川市贺兰山东麓葡萄酒产业联盟秘书长。

葡萄园介绍

未迟酒庄战略合作葡萄园位于黄羊滩，总计300亩，栽培有赤霞珠、美乐2个品种，年均亩产葡萄500~700千克，土壤富含砾石，土质疏松透气，平均树龄大于15年，葡萄品质极佳。

推荐酒款

① 未迟美乐2019

评分：★★★★

酒评：馥郁的成熟黑樱桃、蚝油、香料、皮革、铅笔芯、燧石的香气，以及淡淡的巴萨米克香醋气息。口感复杂、多汁。酒体中高，丝绸般细腻的单宁将丰富多汁的浆果紧紧包裹。口感紧致，回味悠长。目前适饮，也可以在未来4年内饮用。

② 嘒彼小星霞多丽干白2022　　评分：★★★

酒评：一款发散、芬芳的霞多丽，呈现出些许香瓜、凤梨、白梨和白花的香气。入口新鲜，中等酸度和酒

体，具有一定圆润感。结尾带有些许成熟的柑橘感，但长度并不持久。干净而略显仓促。适合即饮，最好在2025年前饮用。

③ 抱璞珍藏美乐2021

评分：★★★

酒评：葡萄酒香气浓郁，闻起来有香料、乌梅、黑胡椒、雪茄盒、黑樱桃的层叠香气，还有淡淡的天竺葵香。口感果味丰满，单宁厚实有嚼劲。回味长度中等。目前适饮，最好在未来2年内饮用。

④ 抱璞甜型桃红2021

评分：★★★

酒评：香气馥郁，闻起来有明显的水蜜桃和草莓糖的香气。口感清新、酸甜适中。余味直接，收尾略有黏稠和甜腻感。适合现在饮用。

⑤ 骊歌赤霞珠2019

评分：★★☆

酒评：些许蚝油、香料、红莓、黑莓和一丝巴萨米克香醋的香气。口感流畅，酒体中等，单宁坚实。余味优雅、微妙，中等长度。不复杂，但有不错的新鲜度和易饮性。适合现在到未来1~2年内饮用。